全国高职高专工业机器人专业"十三五"规划系列教材
工业机器人应用型人才培养指定用书

工业机器人入门实用教程

（EFORT 机器人）

主　　编　　张明文

副主编　　顾三鸿　　王璐欢

参　　编　　霰学会　　何定阳　　吴冠伟

主　　审　　王　伟　　于振中

U0343132

华中科技大学出版社
中国·武汉

内 容 简 介

本书基于 EFORT 工业机器人，从机器人应用中需掌握的技能出发，由浅入深、循序渐进地介绍了 EFORT 机器人编程及操作知识。从安全操作注意事项切入，配合丰富的实物图片，系统介绍了 EFORT ER3B-C60 工业机器人基本知识、示教器、手动操纵机器人、坐标系的建立、I/O 配置及相关应用、指令与编程、离线仿真等内容。基于实际项目案例，进行深入解剖，灵活分配指令及任务，让读者学得充实，学得轻松，易于接受。通过学习本书，读者可对机器人的编程及操作更加熟悉，理解更深刻。

本书图文并茂，通俗易懂，具有很强的实用性和可操作性，既可作为高等院校和中高职院校工业机器人相关专业的教材，又可作为工业机器人培训机构用书，同时可供相关行业的技术人员参考。

本书配套有丰富的教学资源，凡使用本书作为教材的教师均可向作者咨询相关机器人实训装备，也可通过书末附页介绍的方法索取相关数字教学资源。咨询邮箱:edubot_zhang@126.com。

图书在版编目(CIP)数据

工业机器人入门实用教程:EFORT 机器人/张明文主编.—武汉:华中科技大学出版社,2018.7
(2023.8重印)
ISBN 978-7-5680-4306-9

Ⅰ.①工…　Ⅱ.①张…　Ⅲ.①工业机器人-高等职业教育-教材　Ⅳ.①TP242.2

中国版本图书馆 CIP 数据核字(2018)第 138399 号

工业机器人入门实用教程(EFORT 机器人)　　　　　　　　　　　　　　张明文　主编
Gongye Jiqiren Rumen Shiyong Jiaocheng(EFORT Jiqiren)

策划编辑:万亚军　霍学会
责任编辑:吴　晗　顾三鸿
封面设计:肖　婧
责任监印:周治超
出版发行:华中科技大学出版社(中国·武汉)　　　电话:(027)81321913
　　　　　武汉市东湖新技术开发区华工科技园　　　邮编:430223
录　　排:武汉三月禾文化传播有限公司
印　　刷:武汉市洪林印务有限公司
开　　本:787mm×1092mm　1/16
印　　张:11.5
字　　数:291 千字
版　　次:2023 年 8 月第 1 版第 2 次印刷
定　　价:34.80 元

全国高职高专工业机器人专业"十三五"规划系列教材

编审委员会

序一

现阶段,我国制造业面临资源短缺、劳动力成本上升、人口红利减少等压力,而工业机器人的应用与推广,将极大地提高生产效率和产品质量,降低生产成本和资源消耗,有效提高我国制造业竞争力。我国《机器人产业发展规划(2016—2020年)》强调,机器人是先进制造业的关键支撑装备,也是未来生活方式的重要切入点。广泛采用工业机器人,对促进我国先进制造业的崛起有着十分重要的意义。"机器换人,人用机器"的新型制造方式有效推进了工业升级和转型。

工业机器人作为集众多先进技术于一体的现代制造业装备,自诞生起至今已经取得了长足进步。当前,新科技革命和产业变革正在兴起,全球工业竞争格局面临重塑,世界各国及国际经济组织紧抓历史机遇,纷纷出台相关战略:美国的"再工业化"战略、德国的"工业4.0"计划、欧盟的"2020增长战略",以及我国推出的"中国制造2025"战略。这些战略都以发展先进制造业为重点,并将机器人作为智能制造的核心发展方向。伴随机器人技术的快速发展,工业机器人已成为柔性制造系统(FMS)、工厂自动化系统(FAS)、计算机集成制造系统(CIMS)等先进制造系统的关键支撑装备。

随着工业化和信息化的快速推进,我国工业机器人市场进入高速发展时期。国际机器人联合会(IFR)的统计数据显示,截至2016年,中国已成为全球最大的工业机器人市场。未来几年,中国工业机器人市场仍将保持高速的增长态势。然而,现阶段我国机器人技术人才匮乏,与巨大的市场需求严重不协调。"中国制造2025"强调,要健全、完善中国制造业人才培养体系,为推动中国从制造业大国向制造业强国转变提供人才保障。从国家战略层面而言,为推进智能制造的产业化发展,工业机器人技术人才的培养刻不容缓。

目前,随着"中国制造2025"战略的全面实施和国家职业教育改革的发展,许多应用型本科院校、职业院校和技工院校纷纷开设工业机器人相关专业。但工业机器人是一门涉及知识面很广的实用型学科,就该学科而言,各院校普遍存在师资力量缺乏、配套教材资源不完善、工业机器人实训装备不系统、技能考核体系不完善等问题,导致无法培养出企业需要的专业机器人技术人才,从而严重制约了我国机器人技术的推广和智能制造业的发展。江苏哈工海渡工业机器人有限公司依托哈尔滨工业大学在机器人方向的研究实力,顺应形势需要,将产、学、研、用相结合,组织企业专家和一线科研人员开展了一系列企业调研,面向企业需求,联合多所高校教师共同编写了"全国高职高专工业机器人专业'十三五'规划系列教材"。

该系列教材具有以下特点:

(1)循序渐进,系统性强。该系列教材涵盖了工业机器人的入门实用、技术基础、实训指导、工业机器人的编程与高级应用等内容,由浅入深,有助于学生系统地学习工业机器人技术。

（2）配套资源丰富多样。该系列教材配有相应的电子课件、视频等教学资源，并且可提供配套的工业机器人教学装备，构建了立体化的工业机器人教学体系。

（3）通俗易懂，实用性强。该系列教材言简意赅、图文并茂，既可用于应用型本科院校、职业院校和技工院校的工业机器人应用型人才培养，也可供从事工业机器人操作、编程、运行、维护与管理等工作的技术人员参考和学习。

（4）覆盖面广，应用广泛。该系列教材介绍了国内外主流品牌机器人的编程、应用等相关内容，顺应国内机器人产业人才发展需要，符合制造业人才发展规划。

"全国高职高专工业机器人专业'十三五'规划系列教材"结合实际应用，将教、学、用有机结合，有助于读者系统学习工业机器人技术和提高实践能力。本系列教材的出版发行，必将提升我国工业机器人相关专业的教学效果，全面促进"中国制造 2025"战略下我国工业机器人技术人才的培养和发展，大力推进我国智能制造产业变革。

中国工程院院士 蔡鹤皋

2017 年 6 月于哈尔滨工业大学

序二

自机器人出现至今短短几十年中，机器人技术的发展取得了长足进步，伴随着产业变革的兴起和全球工业竞争格局的全面重塑，机器人产业发展越来越受到世界各国的高度关注，其纷纷将发展机器人产业上升到国家战略层面，提出"以先进制造业为重点战略，以机器人为核心发展方向"，并将此作为保持和重获制造业竞争优势的重要手段。

工业机器人作为目前技术发展最成熟且应用最广泛的一类机器人，已广泛应用于汽车及其零部件制造，电子、机械加工，模具生产等行业以实现自动化生产，并参与到了焊接、装配、搬运、打磨、抛光、注塑等生产制造过程之中。工业机器人的应用，既有利于保证产品质量、提高生产效率，又可避免大量工伤事故，有效推动了企业和社会生产力的发展。作为先进制造业的关键支撑装备，工业机器人影响着人类生活和经济发展的方方面面，已成为衡量一个国家科技创新和高端制造业水平的重要标志。

随着工业大国相继提出机器人产业策略，如德国的"工业4.0"、美国的"先进制造伙伴计划"、中国的"'十三五'规划"与"中国制造2025"等国家政策，工业机器人产业迎来了快速发展态势。随着劳动力成本上涨、人口红利逐渐消失，生产方式向柔性、智能、精细化方向转变，中国制造业正处于转型升级的关键时间。在全球新科技革命和产业变革与中国制造业转型升级形成历史性交汇的这一时期，中国成为全球最大的工业机器人市场。大力发展工业机器人产业，对于打造我国制造业新优势、推动工业转型升级、加快制造强国建设、改善人民生活水平具有深远意义。

我国工业机器人产业迎来了爆发性的发展机遇，然而，现阶段我国工业机器人领域人才储备数量严重不足，从工业机器人的基础操作维护人员到高端技术人才普遍存在巨大缺口，企业缺乏受过系统培训、能熟练安全应用工业机器人的专业人才。现代工业是立国的基础，需要有与时俱进的职业教育和人才培养配套资源。"全国高职高专工业机器人专业'十三五'规划系列教材"由江苏哈工海渡工业机器人有限公司联合众多高校和企业共同编写完成。该系列教材依托哈尔滨工业大学的先进机器人研究技术而编写，结合企业实际用人需求，充分贯彻了现代应用型人才培养"淡化理论，技能培养，重在运用"的指导思想。该系列教材涵盖了国际主流品牌和国内主要品牌机器人的入门实用、实训指导、技术基础、高级编程等内容，注重循序渐进与系统学习，并注重强化学生的工业机器人专业技术能力和实践操作能力，既可作为工业机器人技术或机器人工程专业的教材，也可作为机电一体化、自动化专业所开设的工业机器人相关课程的教学用书。

该系列教材"立足工业，面向教育"，填补了我国在工业机器人基础应用及高级应用系列教材中的空白，有助于推进我国工业机器人技术人才的培养和发展，助力"中国智造"。

中国科学院院士 韩杰才

2017年6月

前　言

　　机器人是先进制造业的重要支撑装备,也是未来智能制造业的关键切入点,工业机器人作为机器人家族中的重要一员,是目前技术最成熟、应用最广泛的一类机器人。工业机器人的研发和产业化能力是衡量一个国家科技创新和高端制造发展水平的重要标志。发达国家已经把工业机器人产业发展作为抢占未来制造业市场、提升竞争力的重要途径。汽车、电子电器、工程机械等众多行业大量使用工业机器人自动化生产线,在保证产品质量的同时,改善了工作环境,提高了社会生产效率,有力地推动了企业和社会生产力的发展。

　　当前,随着我国劳动力成本上涨,人口红利逐渐消失,生产方式向柔性化方向、智能化方向、精细化方向转变,构建新型智能制造体系迫在眉睫,对工业机器人的需求呈现大幅增长态势。大力发展工业机器人产业,对于打造我国制造业新优势,推动工业转型升级,加快制造强国建设,改善人民生活水平具有深远意义。"中国制造2025"将机器人作为重点发展领域,推动机器人产业发展已经上升到国家战略层面。

　　在全球范围内的制造产业战略转型期,我国工业机器人产业迎来爆发性的发展机遇,然而,现阶段我国工业机器人领域人才供需失衡,缺乏经系统培训的,能熟练、安全使用和维护工业机器人的专业人才。针对这一现状,为了更好地推广工业机器人技术,亟须编写一套系统、全面的工业机器人入门实用教材。

　　本书基于EFORT机器人,结合工业机器人仿真系统和江苏哈工海渡工业机器人有限公司的工业机器人技能考核实训台,遵循"由简入繁,软硬结合,循序渐进"的编写原则,依据初学者的学习需要科学设置知识点,结合实训台典型实例讲解,倡导实用性教学,有助于激发学习兴趣,提高教学效率,便于初学者在短时间内全面、系统地了解工业机器人操作的常识。

　　本书图文并茂,通俗易懂,实用性强,既可以作为普通高校及中高职院校机电一体化、电气自动化及机器人等相关专业的教学和实训教材,又可作为工业机器人培训机构培训教材,还可以作为EFORT机器人入门培训的初级教程,供从事相关行业的技术人员参考。

　　机器人技术专业具有知识面广,实操性强等显著特点。为了提高教学效果,在教学方法上,建议采用启发式教学,开放性学习,重视实操演练、小组讨论;在学习过程中,建议结合本书配套的教学辅助资源,如机器人仿真软件、六轴机器人实训台、教学课件及视频素材、教学参考与拓展资料等。以上资源可通过书末附页介绍的方法咨询获取。

　　本书由哈工海渡机器人学院的张明文主编,顾三鸿和王璐欢任副主编,参加编写的还有霰学会、何定阳和吴冠伟等,由王伟和于振中主审。全书由顾三鸿和王璐欢统稿,具体编写分工如下:霰学会编写第1~3章;何定阳编写第4~6章;吴冠伟编写第7~9章;王璐欢编写第10、11章。本书的编写得到了哈工大机器人集团和埃夫特智能装备股份有限公司的有关领导、工程技术人员,以及哈尔滨工业大学相关教师的鼎力支持与帮助,在此表示衷心的感谢!

　　由于编者水平及时间有限,书中难免存在不足之处,敬请读者批评指正。任何意见和建议可反馈至E-mail:edubot_zhang@126.com。

编　者

2018年5月

目　　录

第1章 工业机器人概述

1.1 工业机器人定义和特点

工业机器人虽是技术上最成熟、应用最广泛的机器人，但对其具体的定义，科学界尚未形成统一的认识，目前公认的是国际标准化组织（ISO）的定义。

国际标准化组织的定义为："工业机器人是一种能自动控制，可重复编程，多功能、多自由度的操作机，能够搬运材料、工件或者操持工具来完成各种作业。"

工业机器人最显著的特点有：

① 拟人化　在机械结构上类似于人的手臂或者其他组织结构。
② 通用性　可执行不同的作业任务，动作程序可按需求改变。
③ 独立性　完整的机器人系统在工作中可以不依赖于人的干预。
④ 智能性　具有不同程度的智能功能，如感知系统等，提高了工业机器人对周围环境的自适应能力。

1.2 工业机器人发展概况

1.2.1 国外发展概况

1. 美国

1954 年美国乔治·德沃尔制造出世界上第一台可编程的机器人，最早提出工业机器人的概念，并申请了专利。

1959 年，德沃尔与美国发明家约瑟夫·英格伯格联手制造出第一台工业机器人——Unimate，如图 1-1 所示。随后，成立了世界上第一家机器人制造工厂——Unimation 公司。

1962 年，美国 AMF 公司生产出 Versatran 工业机器人。

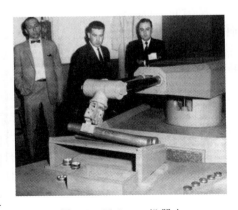

图 1-1　Unimate 机器人

1965 年，约翰·霍普金斯大学应用物理实验室研制出 Beast 机器人。Beast 已经能通过声呐系统、光电管等装置，根据环境校正自己的位置。

1978 年，美国 Unimation 公司推出通用工业机器人 PUMA，如图 1-2 所示，这标志着工业机器人技术已经完全成熟。

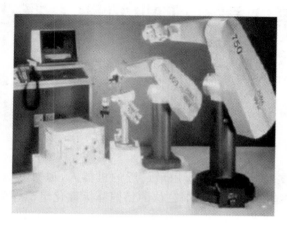

图 1-2　PUMA-560 机器人

2. 日本

1967 年，日本川崎重工业株式会社首先从美国引进机器人及其技术，建立生产厂房，并于 1968 年试制出第一台日本产 Unimate 机器人。经过短暂的摇篮阶段，日本的工业机器人很快进入实用阶段，并由汽车业逐步扩大到其他制造业以及非制造业。

1980 年被称为日本的机器人普及元年，日本开始在各个领域推广使用机器人。日本政府采取的多方面鼓励政策，使这些机器人受到了广大企业的欢迎，这大大缓解了市场劳动力严重短缺的社会矛盾。

1980—1990 年，日本的工业机器人处于鼎盛时期，后来国际市场曾一度转向欧洲和北美，但日本经过短暂的低迷期又恢复其昔日的辉煌。

3. 欧洲

瑞士的 ABB 公司是世界上著名的机器人制造公司之一。ABB 公司 1974 年研发了世界上第一台全电控式工业机器人 IRB6，主要应用于工件的取放和物料搬运；1975 年生产出第一台焊接机器人；到 1980 年兼并 Trallfa 喷漆机器人公司后，其机器人产品趋于完备。

德国的 KUKA 公司是世界上几家顶级工业机器人制造商之一。1973 年，KUKA 公司研制开发了第一台工业机器人——Famulus。如今 KUKA 公司的机器人年产量超过万台，所生产的机器人广泛应用在仪器、汽车、航天、食品、制药、医学、铸造、塑料等行业，主要用于材料处理、机床装配、包装、堆垛、焊接、表面修整等作业。

4. 国际"四大家族"与"四小家族"

国际上较有影响力的、著名的工业机器人公司主要分为欧系和日系两种，具体来说，可分成"四大家族"和"四小家族"两个阵营，如表 1-1 所示。

除了"四大家族"和"四小家族"以外，还有些其他知名公司，如日本三菱、爱普生和雅马哈，德国克鲁斯，意大利柯马，瑞士史陶比尔，韩国现代等。

表 1-1　工业机器人阵营

阵营	企业	国家	标识	阵营	企业	国家	标识
四大家族	ABB	瑞士	ABB	其他	三菱	日本	MITSUBISHI ELECTRIC
	库卡	德国	KUKA		爱普生	日本	EPSON
	安川	日本	YASKAWA		雅马哈	日本	YAMAHA
	发那科	日本	FANUC		现代	韩国	HYUNDAI
四小家族	松下	日本	Panasonic		克鲁斯	德国	CLOOS
	欧地希	日本	OTC		柯马	意大利	COMAU
	那智不二越	日本	NACHi		史陶比尔	瑞士	STÄUBLI
	川崎	日本	Kawasaki		爱德普	美国	adept

1.2.2　国内发展概况

1. 发展阶段

我国工业机器人起步于 20 世纪 70 年代初期,经过 40 多年的发展,大致经历了 3 个阶段:70 年代的萌芽期、80 年代的开发期和 90 年代及以后的实用化期。

1) 萌芽期

20 世纪 70 年代,世界上工业机器人应用掀起一个高潮,在这种背景下,我国于 1972 年开始研制自己的工业机器人。

2) 开发期

进入 20 世纪 80 年代后,随着改革开放的不断深入,我国机器人技术的开发与研究得到了政府的重视与支持。"七五"期间,国家投入资金,对工业机器人及其零部件进行攻关。

1985 年,哈尔滨工业大学蔡鹤皋院士主持研制出了我国第一台弧焊机器人——"华宇—Ⅰ型"(HY-Ⅰ型)机器人,如图 1-3 所示,解决了机器人轨迹控制精度及路径预测控制等关键技术。华宇—Ⅰ型机器人的焊接控制技术在国内外是创新的,微机控制的焊接电源同机器人联机和示教再现功能为国内首次应用;重复定位精度、动作范围、焊接参数数据控制精度、负载等主要技术指标接近或达到了国际同类产品水平。同年底,我国第一台重达 2000 kg 的水下机器人"海人一号"在辽宁旅顺港下潜 60 m,首潜成功,开创了机器

图 1-3　哈尔滨工业大学研制的
国内第一台弧焊机器人

3

人研制的新纪元。

1986 年，国家高技术研究发展计划（863 计划）开始实施，该计划取得了一大批科研成果，成功地研制出了一批特种机器人。

3）实用化期

从 20 世纪 90 年代初期起，我国掀起了新一轮的经济体制改革和技术创新热潮，工业机器人又在实践中迈进一大步，先后研制出了点焊、弧焊、装配、喷漆、切割、搬运、包装、码垛等各种用途的工业机器人，并实施了一批机器人应用工程，形成了一批机器人产业化基地，为我国机器人产业的腾飞奠定了基础。

1995 年 5 月，上海交通大学研制成功我国第一台高性能精密装配智能型机器人"精密一号"，它的诞生标志着我国已具有开发第二代工业机器人的技术水平。

2. 国内厂商

我国的工业机器人厂商，有沈阳新松、芜湖埃夫特、南京埃斯顿、广州数控、哈工大机器人集团、哈尔滨博实等，如表 1-2 所示。

表 1-2　国内工业机器人厂商

企业	标识	企业	标识
沈阳新松	SIASUN	广州数控	广州数控 GSK
芜湖埃夫特	EFORT	哈工大机器人集团	HRG
南京埃斯顿	ESTUN	哈尔滨博实	BOSHI

1.2.3　发展模式

1. 国外模式

世界各国在发展工业机器人产业上各有不同，可归纳为三种不同的发展模式，即日本模式、欧洲模式和美国模式。

1）日本模式

日本模式的特点是：各司其职，分层面完成交钥匙工程。机器人制造厂商以开发新型机器人和批量生产优质产品为主要目标，并由其子公司或社会上的工程公司来设计制造各行业所需要的机器人成套系统，并完成交钥匙工程。

2）欧洲模式

欧洲模式的特点是：一揽子交钥匙工程。机器人的生产和用户所需要的系统设计制造，全部由机器人制造厂商自己完成。

3）美国模式

美国模式的特点是：采购与成套设计相结合。美国国内基本上不生产普通的工业机器人，企业需要的机器人通常由工程公司进口，企业再自行设计、制造配套的外围设备，完成交钥匙工程。

2. 国内模式

我国的机器人产业应走什么道路、如何建立自己的发展模式确实值得探讨。专家们建议我国应从"美国模式"着手，在条件成熟后逐步向"日本模式"靠近。

1.2.4 发展趋势

工业机器人领域的发展趋势主要有:结构的模块化和可重构化、控制技术的开放化、多传感器融合技术的实用化、伺服驱动技术的数字化和人机协作。

1. 结构的模块化和可重构化

机械结构向模块化和可重构化方向发展。例如关节模块中的伺服电动机、减速机、检测系统三位一体化,将关节模块、连杆模块用重组方式构造机器人整机。国外已有模块化装配机器人产品问世。

2. 控制技术的开放化

工业机器人控制系统向基于PC的开放型控制器方向发展,便于标准化、网络化;器件集成度提高,控制器体积日渐小巧,且采用模块化结构,大大提高了系统的可靠性、易操作性和可维修性。

3. 多传感器融合技术的实用化

工业机器人中的传感器作用日益重要,除采用传统的位置、速度、加速度等传感器外,装配、焊接机器人还应用了视觉、力觉等传感器。视觉、声觉、力觉、触觉传感器等多传感器的融合配置技术在产品化系统中已有成熟应用。

4. 伺服驱动技术的数字化

在伺服控制单元中,数字控制技术取代模拟控制技术是一种必然趋势。以模拟电子器件为主的伺服控制单元将会被采用数字处理器的伺服控制单元全面取代。在伺服控制方面将逐步转变为软件控制,以便在伺服系统中应用现代先进的控制方法。数字化控制相比传统控制,在响应速度和运动精度等方面有了全面提升。

5. 人机协作

近年来工业机器人在人机协作方面取得了突破性进展,工业机器人更加柔性化,采用引导式编程,降低对系统集成技术人才要求,便于自动化生产线改造。

1.3 工业机器人主要技术参数

选用工业机器人,首先要了解机器人的主要技术参数,然后根据生产和工艺的实际要求,通过机器人的技术参数来选择机器人的机械结构、坐标形式和传动装置等。

机器人的技术参数反映了机器人的适用范围和工作性能,主要包括自由度、额定负载、工作空间、工作精度,其他参数还有I/O配置方式、控制方式、驱动方式、安装方式、动力源容量、本体重量、环境参数等。

1.3.1 自由度

自由度是指描述物体运动所需要的独立坐标数。

空间直角坐标系又称笛卡儿直角坐标系,它是以空间一点O为原点,建立三条两两相互垂直的数轴即X轴、Y轴和Z轴,通常情况下,三个轴的正方向符合右手规则,如图1-4所示，即右手大拇指指向 Z 轴正方向，食指指向 X 轴正方向，中指指向 Y 轴正方向。

在三维空间中描述一个物体的位姿（即位置和姿态）需要 6 个自由度，如图 1-5 所示：

● 沿空间直角坐标系 O-XYZ 的 X、Y、Z 三个轴平移运动 T_X、T_Y、T_Z；

● 绕空间直角坐标系 O-XYZ 的 X、Y、Z 三个轴旋转运动 R_X、R_Y、R_Z。

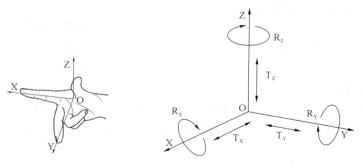

图 1-4　右手规则　　　　　图 1-5　刚体的 6 个自由度

机器人的自由度是指工业机器人相对坐标系能够进行独立运动的数目，不包括末端执行器的动作，如焊接、喷涂等，如图 1-6 所示。

机器人的自由度反映机器人动作的灵活性，自由度越多，机器人就越能接近人手的动作机能，通用性越好；但是自由度越多，结构就越复杂，对机器人的整体要求就越高。因此，工业机器人的自由度是根据其用途设计的。

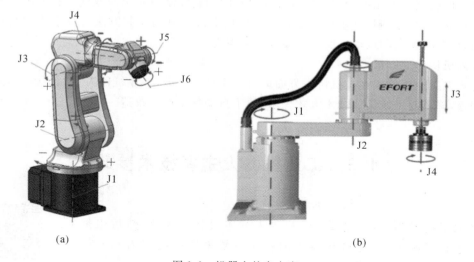

(a)　　　　　　　　　　　　　　　　(b)

图 1-6　机器人的自由度

(a) 6 自由度的 ER3A-C60 机器人　(b) 4 自由度的 ER6SA-C604 机器人

采用空间开链连杆机构的机器人，因每个关节运动副仅有 1 个自由度，所以机器人的自由度数就等于它的关节数。

1.3.2　额定载荷

额定载荷也称有效载荷，是指正常作业条件下，工业机器人在规定性能范围内，手腕末端所能承受的最大载荷。

目前常用工业机器人的载荷范围较大，为 0.5～2300 kg，如表 1-3 所示。

表 1-3　工业机器人的额定负载

型号	EFORT ER3A-C60	EFORT ER50-C10	EFORT ER180-C104	EFORT ER400L-C20
实物图	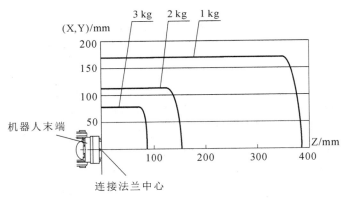			
额定载荷	3 kg	50 kg	180 kg	400 kg
型号	FANUCM-1iA/0.5S	KUKAKR16	YASKAWAMC2000II	FANUCM-200iA/2300
实物图				
额定载荷	0.5 kg	16 kg	50 kg	2300 kg

额定载荷通常用载荷图表示,如图 1-7 所示。

图 1-7　ER3A-C60 工业机器人的载荷图

在图 1-7 中:横轴 Z(mm)表示载荷重心与连接法兰端面的距离,纵轴 X、Y(mm)表示载荷重心在连接法兰所处平面上的投影与连接法兰中心的距离。

1.3.3　工作空间

工作空间又称工作范围、工作行程,是指工业机器人作业时,手腕参考中心(即手腕旋转中心)所能到达的空间区域,不包括手部本身所能达到的区域,常用如图 1-8 所示图形表示,P 点为手腕参考中心。

工作空间的形状和大小反映了机器人工作能力的大小,它不仅与机器人各连杆的尺寸

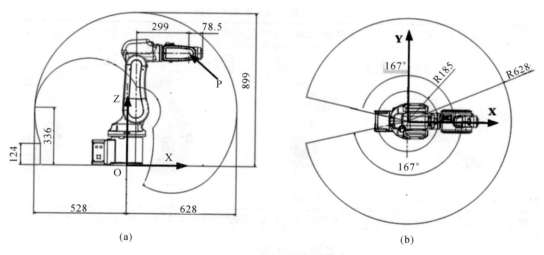

图 1-8　ER3A-C60 的工作空间

(a) 主视图　(b) 俯视图

有关,还与机器人的总体结构有关,工业机器人在作业时可能会因存在手部不能到达的作业死区而不能完成规定任务。

由于末端执行器的形状和尺寸是多种多样的,为真实反映机器人的特征参数,工作范围一般是指不安装末端执行器时,可以达到的区域。

注意:在装上末端执行器后,需要同时保证工具姿态,实际的可达空间会和生产商给出的有差距,因此需要通过比例作图或模型核算,来判断是否满足实际需求。

1.3.4　工作精度

工业机器人的工作精度包括定位精度和重复定位精度。

(1) 定位精度又称绝对精度,是指机器人的末端执行器实际到达位置与目标位置之间的差距。

(2) 重复定位精度简称重复精度,是指在相同的运动位置命令下,机器人重复定位其末端执行器于同一目标位置的能力,以实际位置值的分散程度来表示。

实际上机器人重复执行某位置给定指令时,它每次走过的距离并不相同,都是在一平均值附近变化,该平均值代表精度,变化的幅值代表重复精度,如图 1-9 和图 1-10 所示。机器人具有绝对精度低、重复精度高的特点。

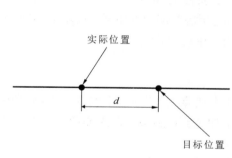

图 1-9　定位精度

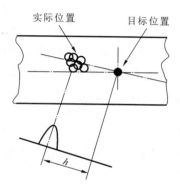

图 1-10　重复定位精度

1.4　工业机器人应用

工业机器人可以替代人从事危险、有害、有毒、低温和高热等恶劣环境中的工作;还可以替代人完成繁重、单调的重复劳动,提高劳动生产率,保证产品质量。

目前,工业机器人广泛应用于汽车、电子电器、检测、医疗、航天、食品、包装、印刷等各个行业,常用于搬运、焊接、喷涂、装配和码垛等复杂作业。

1. 搬运

搬运作业是指用一种设备握持工件,从一个加工位置移动到另一个加工位置。

搬运机器人如图 1-11 所示,可安装不同的末端执行器(如机械手爪、真空吸盘等),以完成各种不同形状和状态的工件搬运,大大减轻了人类繁重的体力劳动。通过编程控制,配合各个工序不同设备实现流水线作业。

搬运机器人广泛应用于机床上下料、流水线自动装配、码垛、集装箱自动搬运等。

2. 焊接

目前工业应用领域最多的是机器人焊接,如工程机械、汽车制造、电力建设等行业的焊接,焊接机器人(见图 1-12)能在恶劣的环境下连续工作并能提供稳定的焊接质量,提高工作效率,减轻工人的劳动强度。采用机器人焊接是焊接自动化的革命性进步,突破了焊接机的传统焊接方式。

图 1-11　搬运机器人

图 1-12　焊接机器人

3. 喷涂

喷涂机器人适用于生产量大、产品型号多、表面形状不规则的工件外表面涂装,广泛应用于汽车、铁路、家电、建材和机械等行业,如图 1-13 所示。

4. 装配

装配是一个比较复杂的作业过程,不仅要检测装配过程中的误差,而且要试图纠正这种误差。装配机器人是柔性自动化系统的核心设备,末端执行器种类多,以适应不同的装配对象;传感系统用于获取装配机器人与环境和装配对象之间相互作用的信息。装配机器人主要应用于各种电器的制造业及流水线产品的组装作业,具有高效、精确、持续工作的特点,如图 1-14 所示。

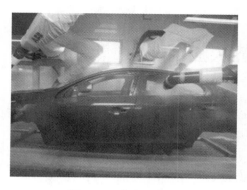

图 1-13　喷涂机器人

图 1-14　装配机器人

5. 码垛

码垛机器人是机电一体化高新技术产品,如图 1-15 所示,它可满足中低产量的生产需要,也可按照要求的编组方式和层数,完成对料袋、箱体等各种产品的码垛。

使用码垛机器人能提高企业的生产效率和产量,同时减少人工搬运造成的错误;还可以全天候作业,节约大量人力资源成本。码垛机器人广泛应用于化工、食品等生产企业。

6. 涂胶

涂胶机器人一般由机器人本体和专用涂胶设备组成,如图 1-16 所示。

它既能独立实行半自动涂胶,又能配合专用生产线实现全自动涂胶。具有设备柔性高、做工精细、质量好、适用能力强等特点,可以完成复杂的三维立体空间的涂胶工作。工作台安装激光传感器进行精密定位,提高产品生产质量,同时使用光栅传感器确保工人生产安全。

图 1-15　码垛机器人

图 1-16　涂胶机器人

7. 打磨

打磨机器人是指可进行自动打磨的工业机器人,如图 1-17 所示,主要用于工件的表面打磨、棱角去毛刺、焊缝打磨、内腔内孔去毛刺、孔口与螺纹口加工等作业。

打磨机器人广泛应用于 3C、卫浴五金、IT、汽车零部件、工业零件、医疗器械、家具制造等行业。

8. 雕刻

激光雕刻机器人是加工机器人中常用的一种,可实现复杂的自动化雕刻加工,如图 1-18所示。它将激光以极高的能量密度聚集在被雕刻的物体表面,使其表层的物质发生瞬间的熔化和汽化的物理变性,达到加工的目的。

图 1-17　打磨机器人

图 1-18　激光雕刻机器人

激光雕刻的加工材料分非金属材料和金属材料。激光雕刻机器人广泛应用于非金属模具加工、铸造工业品加工、卫浴产品模型加工等,具有高效、快速等特点。

9. 检测

零件制造过程中检测以及成品检测都是保证产品质量的关键工序,使用检测机器人进行检测可以提高工作效率,降低人工检测出错率,检测机器人如图 1-19 所示。

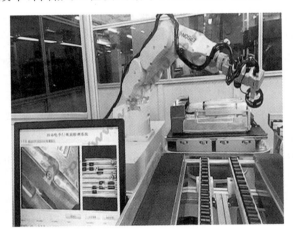
图 1-19　检测机器人

检测主要有两项工作内容:一是检测零件尺寸是否在允许的公差范围内;二是将零件按质量分类。

思考题

（1）国际标准化组织对工业机器人的定义是什么?

（2）什么是机器人的自由度?

（3）什么是工业机器人的额定载荷?

（4）什么是工业机器人的工作空间?

（5）什么是工业机器人的重复定位精度?

（6）工业机器人的应用领域有哪些?

第 2 章　EFORT 机器人认知

2.1　安全操作注意事项

机器人在空间运动时,其动作空间属于危险场所,为确保安全,在操作机器人时,须遵守以下事项。

(1) 操作人员须穿工作服、戴安全帽。

(2) 在示教机器人时,要采用适当速度以保证操作安全。

(3) 切断电源后方可进入机器人的动作范围内进行作业。

(4) 当机器人静止时,千万不要认为其程序已经完成,这时机器人很有可能是在等待让它继续移动的输入信号。

(5) 机器人周围区域必须清洁,无油、水及杂质等。

(6) 在机器人工具处于夹持、联锁待命的停止状态下时,禁止触摸机器人本体。

(7) 严格按照机器人安全使用手册执行相关操作。

(8) 必须知道机器人控制器和外围控制设备上的紧急停止按钮的位置,以备在紧急情况下使用这些按钮。

(9) 禁止进行维修手册未涉及部位的拆卸和作业。

2.2　EFORT 机器人简介

埃夫特智能装备股份有限公司(以下简称为埃夫特)成立于 2007 年 8 月,通过多年自主研发及合资并购,成为国内唯一一家通过大规模产业化应用而迈向研发制造的机器人公司,也是目前国内销售规模最大的工业机器人厂商。为了满足国内的市场需求,埃夫特提供了机器人系统集成方案及专业的自动化装备设计制造,推出了一系列的 EFORT 工业机器人,如喷涂机器人、汽车焊接机器人、自动化输送设备、机器人集成等。以下是 EFORT 机器人主要型号的简介(具体的参数规格以埃夫特官方最新公布的为准)。

1. ER3A-C60

ER3A-C60 型机器人如图 2-1 所示,额定载荷 3 kg,本体质量 27 kg,工作范围(指最大工作行程)628 mm,重复定位精度为±0.02 mm,在工业和教学中应用最为广泛,具有精度高、易教学等特点。主要应用:装配、物料搬运。

2. ER6SA-C604

ER6SA-C604 四轴机器人如图 2-2 所示。该机器人额定载荷 6 kg,本体质量 19 kg,工作范围达 600 mm,重复定位精度为±0.035 mm。主要应用:装配、物料搬运等。

图 2-1　ER3A-C60　　　　　　　图 2-2　ER6SA-C604

3. ER6-C604

ER6-C604 机器人如图 2-3 所示,该机器人采用优化设计,额定载荷 6 kg,本体质量 45 kg,工作范围可达 1200 mm,重复定位精度为±0.05 mm。主要应用:搬运、上下料。

4. ER7B-C10

ER7B-C10 小型高速机器人如图 2-4 所示,该机器人结构紧凑,额定载荷 7 kg,本体质量 36 kg,工作范围可达716 mm,重复定位精度为±0.03 mm,主要应用:装配、码垛、物料搬运等。

图 2-3　ER6-C604　　　　　　　图 2-4　ER7B-C10

5. ER20-C10

ER20-C10 机器人如图 2-5 所示。该机器人动作范围广,额定载荷 20 kg,本体质量 220 kg,工作范围可达 1722 mm,重复定位精度为±0.06 mm。主要应用:机加工、上下料、物料搬运、工业焊接。

6. ER50-C10

ER50-C10 大型物流智能机器人如图 2-6 所示。该机器人额定载荷 50 kg,本体质量 550 kg,工作范围可达 2146 mm,重复定位精度为±0.08 mm,主要应用:机加工、上下料、物料搬运、拾料、码垛、锻造等。

图 2-5　ER20-C10　　　　图 2-6　ER50-C10

7. ER210-C40

ER210-C40 是一款能提供整体性能和点焊质量的机器人,如图 2-7 所示。该机器人额定载荷 210 kg,本体质量 1110 kg,工作范围可达 2674mm,重复定位精度为±0.30mm。主要应用:喷涂、点焊、打磨、搬运、码垛等。

8. ER400L-C20

ER400L-C20 机器人如图 2-8 所示。该机器人可用于多复杂环境下作业,额定载荷 400 kg,本体质量 4445 kg,工作范围可达 3662 mm,重复定位精度为±0.30 mm。主要应用:物料搬运、上下料、机加工、切割。

9. ER-Delta

ER-Delta 如图 2-9 所示,其紧凑结构,具有优越的动作性能,额定载荷 1 kg,本体质量65 kg,工作范围可达 1000 mm,重复定位精度为±0.10 mm。主要应用:装配、拾料、包装、物料搬运。

  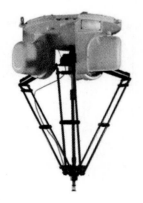

图 2-7　ER210-C40　　　　图 2-8　ER400L-C20　　　　图 2-9　ER-Delta

2.3　机器人项目实施流程

EFORT 机器人项目在实施过程中主要有 7 个环节:项目分析、机器人组装、用户权限设置、坐标系建立、I/O 信号配置、编程、自动运行。其流程如图 2-10 所示。

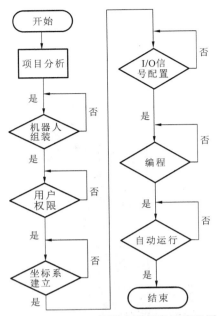

图 2-10　EFORT 机器人项目实施流程图

在项目分析阶段需要考虑工作环境、机器人选型、现场布局及设备间通信等；更改用户权限之后，就可以进行坐标系建立以及 I/O 配置相应的操作，最终完成编程、自动运行。

2.4　机器人系统组成

工业机器人一般由三部分组成：机器人本体、控制器、示教器。

本书以 EFORT 典型产品 ER3A-C60 机器人为例进行相关介绍和应用分析，ER3A-C60 机器人的组成如图 2-11 所示。

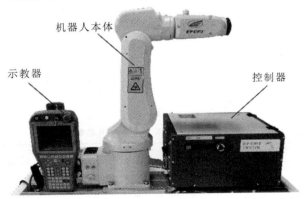

图 2-11　EFORT ER3A-C60 机器人的组成

2.4.1　机器人本体

机器人本体又称机器人机械系统，是工业机器人的机械主体，是用来完成规定任务的执行机构。主要由机械臂、驱动装置、传动装置和内部传感器组成。对于六轴机器人,其机械臂主要包括基座、腰部、手臂(大臂和小臂)和手腕。

ER3A-C60 六轴机器人的机械臂如图 2-12 所示。

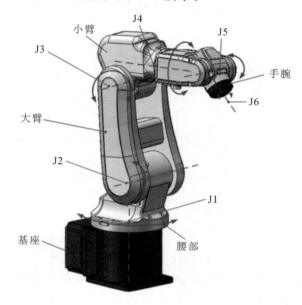

图 2-12　ER3A-C60 六轴机器人的机械臂

图中,J1～J6 为 ER3A-C60 机器人的 6 个轴。ER3A-C60 机器人的规格和特性如表 2-1 所示。

表 2-1　ER3A-C60 机器人规格和特性

规格		
型号	工作范围	额定载荷
ER3A-C60	628 mm	3 kg
特性		
重复定位精度	±0.02 mm	
机器人安装方式	正装、倒装、45°安装	
防护等级	IP40	
控制器	RC800	

ER3A-C60 机器人运动参数如表 2-2 所示。

表 2-2　ER3A-C60 机器人运动参数

轴	工作范围	最高速度
J1	+167°～−167°	230°/s
J2	+90°～−130°	230°/s
J3	+101°～−71°	250°/s
J4	+180°～−180°	320°/s
J5	+113°～−113°	320°/s
J6	+360°～−360°	420°/s

2.4.2　控制器

ER3A-C60 机器人采用 RC800 型控制器,如图 2-13 所示。

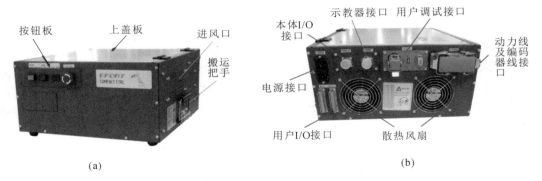

图 2-13　ER3A-C60 紧凑型控制器
(a) 控制器正面　(b) 控制器背面

1. 按钮板

按钮板上安装有"开伺服"、"关伺服"、"急停"三个按钮,如图 2-14 所示。

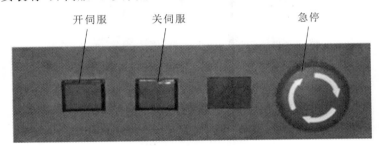

图 2-14　按钮板

(1)"开伺服"按钮:当开伺服按钮按下并且绿灯点亮后,伺服驱动器上电。

(2)"关伺服"按钮:按下此按钮时驱动器断电。

(3)"急停"按钮:机器人出现意外故障需紧急停止时,按下此按钮,停止机器人的一切操作。

2. 电源接口

电源接口采用通断开关、熔丝、滤波器三合一结构。

3. 示教器接口

示教器接口用于连接机器人示教器。

4. 本体 I/O 接口

本体 I/O 接口内置 4 个 DI 接口、4 个 DO 接口以及内部电源接口,可直接连接至机器人本体上,本体 I/O 接口为机器人内部信号接口,主要用来控制机器人末端夹具信号。

5. 用户 I/O 接口

用户 I/O 接口包含 12 个 DI 接口、12 个 DO 接口、急停接口以及内部电源接口,主要作用是让用户从外部进行机器人控制。

6. 用户调试接口

用户调试接口包含以太网接口和 USB 接口,用于与上位机连接及系统备份与恢复。

7.动力线及编码器线接口

动力线及编码器线接口用于连接机器人本体,为本体伺服电动机供电并采集电动机编码器信息。

2.4.3 示教器

1.简介

示教器是工业机器人的人机交互接口,机器人的绝大部分操作均可以通过示教器来完成,如轴操作机器人,编写、测试和运行机器人程序,设定、查阅机器人状态设置和位置等。示教器通过电缆与控制器连接。EFORT 机器人的示教器有 5 个开关按钮:开始按钮、暂停按钮、模式旋钮、急停按钮、三段使能开关,如图 2-15 所示。

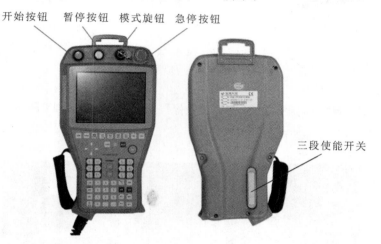

图 2-15 示教器外观

2.主要功能

示教器主要功能是处理与机器人系统相关的操作,具体如下:

① 机器人手动操作;

② 程序创建;

③ 程序的测试执行;

④ 编辑程序;

⑤ 状态显示。

2.5 机器人组装

2.5.1 首次组装机器人

ER3A-C60 机器人附件箱如图 2-16 所示。

图 2-16　ER3A-C60 机器人的附件箱

1. 拆箱

用专业的拆卸工具打开箱子,对照装箱清单检查物品是否齐全,装箱清单所列标准配置如图 2-17 所示。

（a）　　　　　（b）　　　　　（c）　　　　　（d）　　　　　（e）

图 2-17　ER3A-C60 标准配置

（a）零配件　（b）手册　（c）示教器　（d）机器人本体　（e）控制器

2. 机器人安装固定

机器人的安装固定影响其功能的发挥,在实际工业生产中常用的有 3 种安装方式,如图 2-18 所示。

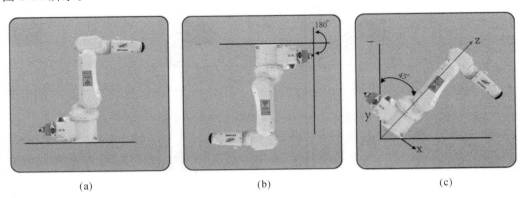

（a）　　　　　　　　　　（b）　　　　　　　　　　（c）

图 2-18　ER3A-C60 机器人常用的安装方式

（a）正装　（b）倒装　（c）45°安装

本书以最常用的正装方式来讲解 ER3A-C60 机器人安装固定方法及其相关应用。其他安装方式可参阅 EFORT 相关手册。

ER3A-C60 机器人安装条件和其他相关的参数如表 2-3、表 2-4 所示。

表 2-3　运行温度和湿度

参数名称	参数值
最低环境温度	0 ℃
最高环境温度	+45 ℃
相对湿度	10%以下

表 2-4　基本物理特性

参数名称	参数值
机器人基座尺寸	180 mm×180 mm
机器人高度	732 mm
机器人质量	27 kg

在安装机器人前须确认安装尺寸,ER3A-C60 机器人的基座尺寸如图 2-19 所示。

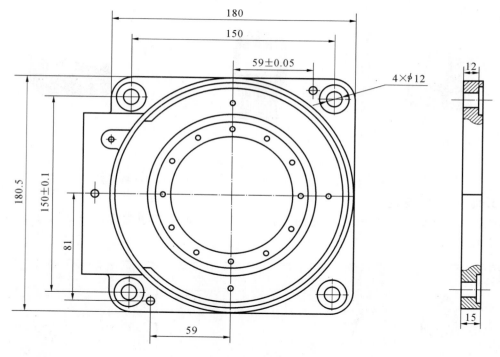

图 2-19　ER3A-C60 机器人的基座尺寸

由图 2-19 知,机器人基座上的安装孔距为 150 mm。

ER3A-C60 机器人正确吊装搬运姿态如图 2-20 所示。机器人安装完成后的效果如图 2-21 所示。

注意:

① 必须按规范操作。

② 机器人重 27 kg,必须使用相应负载能力的起吊附件。

③ 将机器人固定到其基座上之前,切勿改变其姿态。

④ 机器人固定必须牢固可靠。

⑤ 在安装过程中要时刻注意安全。

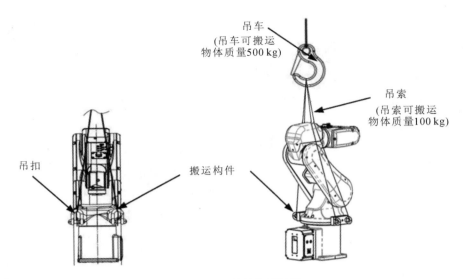

图 2-20　正确吊装搬运图

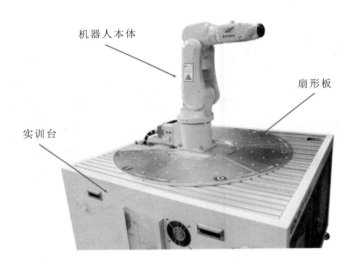

图 2-21　机器人安装完成后的效果图

2.5.2　电缆线连接

机器人系统之间的电缆线连接分两类:系统内部的电缆线连接和系统外围的电缆线连接。

1. 系统内部的电缆线连接

系统内部的电缆线连接主要分三种情况:机器人本体与控制器的电缆线连接、示教器与控制器的电缆线连接、电源与控制器的电缆线连接。必须将这些电缆线连接完成,才可以实现机器人的基本运动。

1) 机器人本体与控制器的连接

机器人本体与控制器之间的连接线有 1 根,如图 2-22 所示,将电缆航插插入本体对应接口。

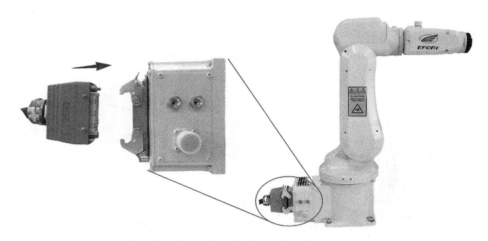

图 2-22　ER3A-C60 机器人本体与控制器连接

2）示教器与控制器的连接

示教器电缆线为红色线,一端已连接至示教器,将另一端接口对准控制器对应孔位插入,并将其固定好。如图 2-23 所示。

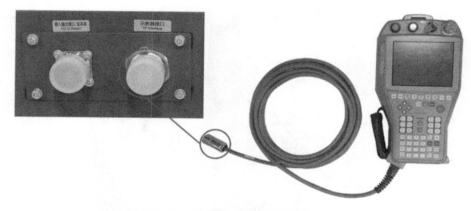

图 2-23　示教器与控制器电缆线连接

3）电源与控制器的连接

将电源电缆一端接好的电源插头,插入控制器的电源接口上,如图 2-24 所示;另一端连接 220 V/50 Hz 电源(通常采用 10 A 电流)。

图 2-24　电源电缆线

注意:电源电缆插头需用户自行制作或选购。

2. 系统外围的电缆线连接

系统外围的电缆线连接主要指机器人本体与末端执行器连接,用以实现机器人的具体作业功能。

机器人本体与末端执行器(工具)之间的电缆线连接接口如图 2-25 所示。

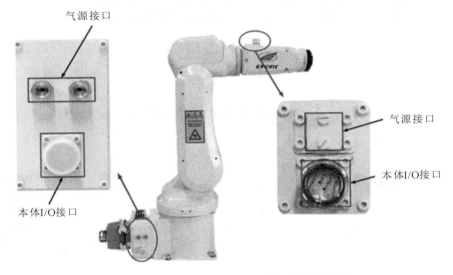

图 2-25　ER3A-C60 机器人本体与末端执行器

- 本体 I/O 接口:将本体末端信号用圆形航插连接到控制器。
- 气源接口:通过集成气源接口将气体传送给气动元件,J1 轴基座使用 $\phi6$ 螺纹接头,J4 轴腕部接口使用 $\phi3$ 螺纹接头。

思考题

(1) 操作工业机器人之前需要注意哪些事项?

(2) 请列举四款 EFORT 工业机器人常用型号及用途。

(3) 在项目实施过程中,机器人操作流程是怎样的?

(4) 工业机器人由哪些部分组成?

(5) ER3A-C60 机器人的规格和特性是怎样的?

(6) ER3A-C60 机器人运行模式有哪几种?

(7) EFORT 工业机器人示教器主要功能有哪些?

(8) ER3A-C60 机器人各部分电缆线如何连接?

第3章 示教器认知

3.1 示教器硬件介绍

3.1.1 示教器简介

EFORT 机器人示教器规格如表 3-1 所示。

表 3-1　示教器规格(型号 GP200)

屏幕分辨率	640 mm×480 mm
HMI	GOOGOLTECH 25Pin-F
外观尺寸	392.8 mm×226 mm×82 mm
按键	49 个
显示器尺寸	7.0 in(1in＝2.54 cm) TFT 彩色 LCD
是否触摸屏	是
显示器颜色质量	32 位真彩色

3.1.2 外形结构

示教器的外形结构如图 3-1 所示。

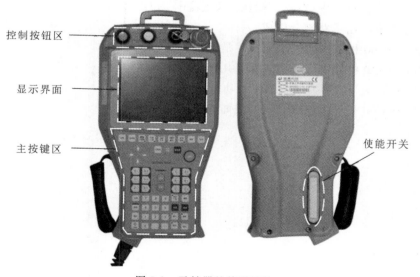

图 3-1　示教器的外形结构

1. 控制按钮区

控制按钮区包含"开始"按钮、"暂停"按钮、"模式"旋钮、"急停"按钮四个按钮,主要功能如下。

(1)"开始"按钮:回放模式下,机器人使能,按下此按钮,开始运行程序。

(2)"暂停"按钮:回放模式下,机器人运行过程中按下此按钮,机器人暂停运动,使能未断开。

(3)"模式"旋钮:分为三挡,上为"示教模式",中为"回放模式",下为"远程模式"。

(4)"急停"按钮:与控制柜面板上的"急停"按钮功能相同,用于机器人紧急停止。

2. 显示界面

显示界面显示各状态画面以及报警信号。

3. 主按键区

主按键区包含功能键、轴操作键、编程键、数值键等,与显示界面配合完成机器人操作。

4. 使能开关

使能开关有三种状态:全松、半按、全按。半按时机器人使能有效,全按和全松时无法执行机器人操作。

3.1.3　示教器主按键

如图 3-2 所示为示教器主按键。

图 3-2　示教器主按键

主按键的具体功能如表 3-2 所示。

表 3-2　主按键的具体功能

序号	按键	功能	序号	按键	功能
1		移动光标键(上移、下移、左移、右移)	16	翻页	按下此键,实现在选择程序和程序内容界面中显示下一页的功能
2		轴操作键,对机器人各轴进行操作的键。此键组必须在示教模式下使用	17	直接打开	在程序内容页,可直接查看运动指令的示教点信息
3		数值键,可输入数值和符号	18	旋钮	软件界面菜单操作时,可选中"主菜单"、"子菜单";指令列表操作时,可选中指令
4	退格	输入字符时,删除最后一个字符	19	坐标系	手动操作时,机器人的动作坐标系选择键
5	多画面	功能预留	20	伺服准备	按下此键,伺服电源有效接通
6	外部轴	按此键时,在焊接工艺中可控制变位机的回转和倾斜	21	主菜单	显示主菜单
7	机器人组	功能预留	22	命令一览	按下此键后显示可输入的指令列表
8	高速/低速	手动操作时,用来设定机器人的运行速度	23	清除	清除"人机交互信息"区域的报警信息
9	上挡	可与其他键同时使用	24	后退	按住此键时,机器人按示教的程序点轨迹逆向运行
10	联锁	辅助键,与其他键同时使用	25	前进	按住此键时,机器人按示教的程序点轨迹正向运行
11	插补	机器人运动插补方式的切换键,此键必须在示教模式下使用,所选定的插补方式种类显示在状态显示区	26	插入	按下此键,可插入新程序点
12	区域	按下此键,选中区在"主菜单区"和"通用显示区"间切换	27	删除	按下此键,删除已输入的程序点
13	回车	在操作系统中,按下此键表示确认,能够进入选择的文件夹或打开选定的文件	28	修改	按下此键,修改示教的位置数据、指令参数等
14	辅助	功能预留	29	确认	配合"插入"、"删除"、"修改"按键使用
15	取消限制	运动范围超出限制时,取消范围限制,使机器人继续运动	30		伺服准备指示灯,在示教模式下,点击"伺服准备"按钮,此时指示灯会闪烁。半按住使能开关,指示灯会亮起

3.1.4　手持示教器

　　操作机器人必须学会正确持拿示教器，正确的手持姿势如图 3-3 所示，左手穿过固定带握住示教器，示教器背面左侧有一个三段使能开关，使用时按住即可，右手可以对示教器上的操作键进行操作。

图 3-3　示教器正确的手持姿势

3.2　状　态　画　面

　　示教器开机显示画面的上部窗口分为三块：菜单区、状态显示区、运行状态区，如图 3-4 所示。

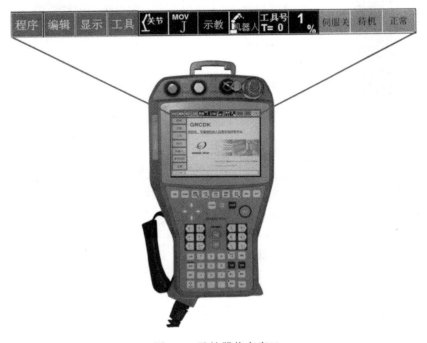

图 3-4　示教器状态窗口

1. 菜单区

菜单区包括程序、编辑、显示、工具菜单项,菜单区各项的功能如表 3-3 所示。

表 3-3　菜单区各项的功能

显示区域	显示 LED	功　能
菜单区	程序	可快速进入程序内容界面
	编辑	可快速编辑程序,具体操作见程序的编辑章节的内容
	显示	可显示示教程序运行时关节角速度、末端点速度信息
	工具	可快速进入工具管理界面

2. 状态显示区

状态显示区包括切换坐标系、运动指令、当前坐标系编号等状态信息,各个状态的含义如表 3-4 所示。

表 3-4　状态显示区各项的功能

显示区域	显示 LED	功　能
状态显示区	关节	显示被选择的坐标系
	MOV J	显示被选择的插补方式
	示教	显示机器人的工作模式,通过示教器上的模式旋钮切换
	机器人	在机器人和变位机之间进行切换,从而使用轴操作键对机器人或变位机进行操作
	工具号 T= 0	方便用户确定当前使用的工具序号
	1%	显示被选择的速度

3. 运行状态区

运行状态区显示当前示教器运行状态如表 3-5 所示。

表 3-5　运行状态区各项的功能

显示区域	显示 LED	功　能
运行状态区	伺服关	显示当前伺服上电或下电状态
	待机	显示当前待机状态
	正常	显示当前正常运行状态

3.3　示教器常用操作

示教器常用操作包括切换用户权限、切换坐标系、速度控制、便利操作,如表 3-6 所示。其他操作请参考 EFORT 手册。

表 3-6　常用操作

序号	类　型	注　释
1	切换用户权限	对示教器权限进行管理
2	切换坐标系	对使用坐标系进行切换
3	速度控制	改变机器人运动速度
4	便利操作	方便快捷便利功能

3.3.1　切换用户权限

切换用户权限有三种模式:普通用户、管理员用户、出厂设置。

● 普通用户:可编辑简单程序和 I/O 配置操作。

● 管理员用户:高于普通用户权限,增加备份系统、坐标系的建立权限,可对多个程序进行管理,密码为 123。

● 出厂设置:用户最高权限。密码为 999999。

下面以切换用户权限为"出厂设置"为例讲解切换用户权限的操作,具体操作步骤如表 3-7 所示。

表 3-7　切换用户权限为"出厂设置"的操作步骤

步骤	图 片 示 例	操作说明
1	程序　编辑　显示　工具　关节　MOV J　示教　机器人　工具号 T=0　1%　附加轴　待机　正常 程序 变量 工艺 状态 机器人 系统信息 设置 **GRCDK** 开放式、可重组机器人应用系统开发平台 GOOGOL TECH Control & Network Factories of the Future Version:1. 23. 20140801 Copyright@1999-2012 by Googol Technology Limited	打开示教器,选择"系统信息"

续表

步骤	图 片 示 例	操 作 说 明
2	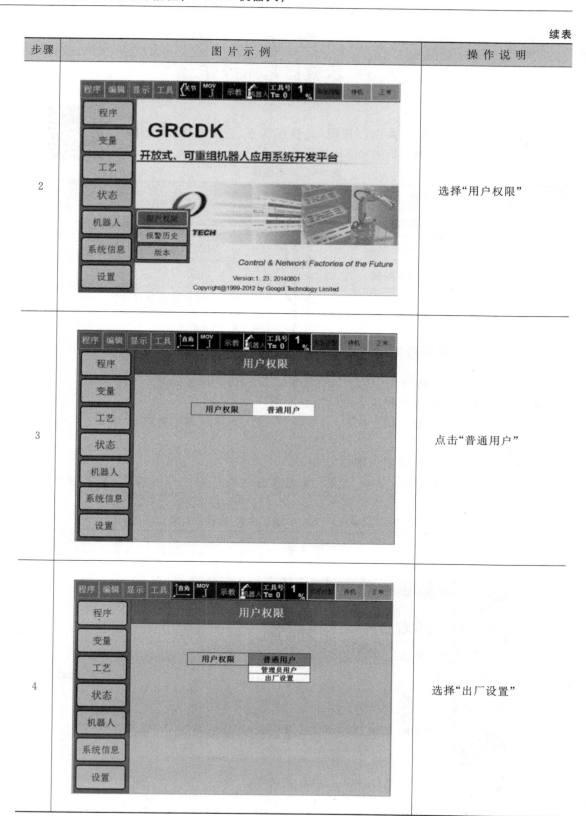	选择"用户权限"
3		点击"普通用户"
4		选择"出厂设置"

步骤	图 片 示 例	操 作 说 明
5	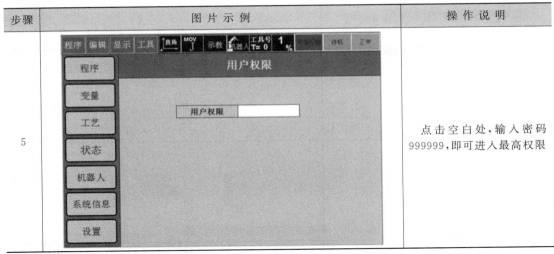	点击空白处,输入密码 999999,即可进入最高权限

注:其他权限请参考 EFORT 手册。

3.3.2 切换坐标系

在示教模式下,选择机器人运动坐标系:按示教器操作面板上的"坐标系"按键,每按下一次,坐标系按"关节→直角→工具→世界→工件 1→工件 2"的顺序循环变化(见图 3-5),通过状态显示区来确定。

图 3-5 坐标系切换

3.3.3 速度控制

机器人运动速度在示教模式下,按示教器上的"手动速度"键,每按一次"高速"或"低速"键,速度出现相应的变化,速度的变化值通过状态区的显示变化来确定,如图 3-6 所示。

图 3-6 速度切换

3.3.4 变量操作

通过程序指令列表插入示教点时可插入变量参数,变量均为全局变量,可在不同的程序中使用。变量可分为数值型和位置型两种,如表 3-8 所示。注:在使用变量前,请将用户权限切换到"出厂设置"。

表 3-8 变量分类

序号	变量类型	注释
1	数值型	可修改初值
2	位置型	使用前需进行标定

1. 数值型变量

数值型变量分为三种类型,每种类型可保存 96 个变量,如表 3-9 所示。

表 3-9　数值型变量分类

序号	分类	取值
1	整数型	-2^{32} 至 2^{32} 之间的整数
2	实数型	-1.7×10^{308} 至 1.7×10^{308} 之间的浮点数
3	布尔型	0 或 1

2. 位置型变量

位置型变量:编辑程序前在同一坐标系下示教位置点。标定或者新建位置型变量的具体操作步骤如表 3-10 所示。

表 3-10　标定位置型变量的操作步骤

步骤	图片示例	操作说明
1	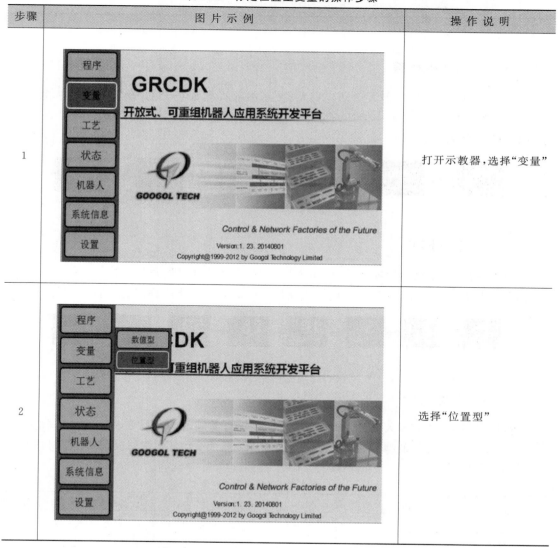	打开示教器,选择"变量"
2		选择"位置型"

续表

步骤	图片示例	操作说明
3		可将机器人当前位置保存在位置点"P1"当中

3.3.5　便利操作

为了方面用户能够更加熟练地操作机器人,本系统开发出便利操作:快速回零、异常处理、快速退出程序。

(1)快速回零:按住使能开关,持续按下示教器上的"上挡"键+"9"键,可使机器人快速回到零位。

(2)异常处理:可以对运动控制复位、取消范围显示、仿真轴。

(3)快速退出程序:在示教模式下,按下示教器上的"上挡"+"联锁"+"清除"键,可使机器人退出到 WinCE 界面,修改 IP 时用。

下面以"异常处理"为例,讲解便利操作的方法,具体操作步骤如下。

注:在操作前请将权限切换到"出厂设置"。切换步骤请参考 3.3.1 节。

表 3-11　异常处理

步骤	图片示例	操作说明
1		打开示教器,选择"机器人"

续表

步骤	图 片 示 例	操 作 说 明
2	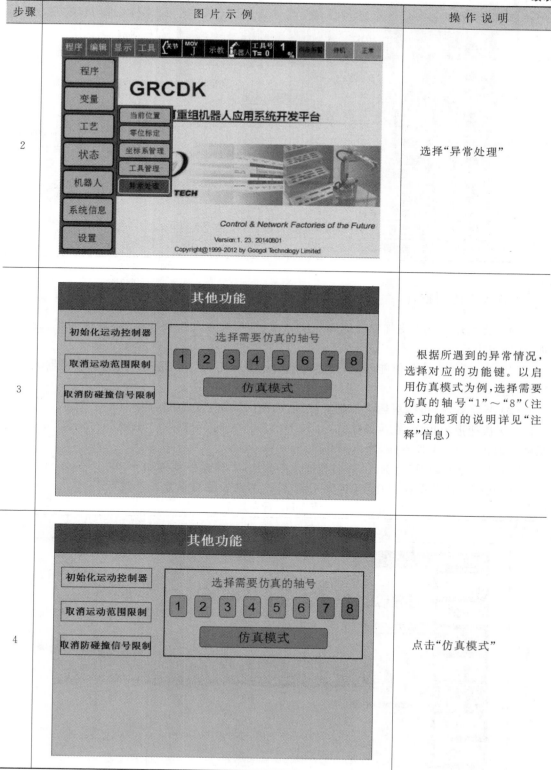	选择"异常处理"
3		根据所遇到的异常情况,选择对应的功能键。以启用仿真模式为例,选择需要仿真的轴号"1"~"8"(注意:功能项的说明详见"注释"信息)
4		点击"仿真模式"

注释：

● 初始化运动控制器：可以重新启动运动控制器并初始化机器人参数配置。

● 取消运动范围限制：当机器人运动超出运动空间时，点击此按钮使其变蓝，此时将取消工作空间的限制条件，将机器人运动到工作空间后，此按钮会自动恢复原状。

● 取消防碰撞信号限制：当机器人因触发紧急停止 I/O 而禁止运动时，点击此按钮使其变蓝，此时将取消紧急停止 I/O 功能的限制，将机器人运动到安全位置后，再次按下此按钮，按钮恢复原状，同时紧急停止 I/O 功能重新开启。

● 仿真模式：当机器人处于"示教模式"和"回放模式"下，在不接通某些轴伺服电源的情况下，可让这些轴进入仿真模式，具体操作如下：点击"选择需要仿真的轴号"下"1"～"8"的数字键，当对应的数字变成绿色即表示该轴进入仿真模式，当已经进入仿真模式的轴需要退出仿真模式时，应当再次点击轴对应的数字键，当对应的数字键变成灰色，即表示该轴已经退出仿真模式；点击"仿真所有轴"，当其变成绿色，即表示所有轴同时进入仿真模式，再次点击即表示所有轴同时退出仿真模式。

思考题

（1）示教器由哪几个部分组成？

（2）状态画面由哪几个部分构成？

（3）简述如何修改示教器权限。

（4）简述画面菜单的主要功能。

（5）示教器有哪些常用操作？

第4章　机器人基本操作

4.1　坐标系种类

坐标系是为确定机器人的位置和姿态而在机器人或空间上进行定义的位置指标系统。EFORT 机器人常用的坐标系有关节坐标系（axis coordinate system，ACS）、机器人（运动学）坐标系（kinematic coordinate system，KCS）、世界坐标系（world coordinate system，WCS）、工具坐标系（tool coordinate system，TCS）和工件坐标系（piece coordinate system，PCS）。其中工件坐标系又包括工件坐标系 1（PCS1）和工件坐标系 2（PCS2）两种。

1. 关节坐标系

关节坐标系是以各轴机械零点为原点所建立的纯旋转的坐标系。机器人的各个关节可以独立旋转，也可以一起联动，如图 4-1 所示。在关节坐标系下，工业机器人各轴均可实现单独正向或反向运动。对于大范围运动，且不要求工具中心点（tool center point，TCP）姿态时，可选择关节坐标系。

2. 机器人（运动学）坐标系

机器人（运动学）坐标系是用来对机器人进行正逆向运动学建模的坐标系，它是机器人的基础笛卡儿坐标系，也可以称为机器人基础坐标系（base coordinate system，BCS）或运动学坐标系，坐标原点在机器人安装面与第一转动轴的交点处，Z 轴向上，X 轴向前，Y 轴由右手规则确定，如图 4-2 所示中的坐标系 O_1-$X_1Y_1Z_1$。机器人工具中心点在该坐标系下可以沿坐标系 X 轴、Y 轴、Z 轴做直线运动，以及绕坐标系 X 轴、Y 轴、Z 轴做旋转运动。

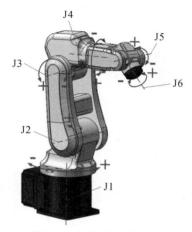

图 4-1　各关节运动方向

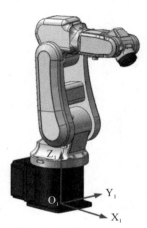

图 4-2　机器人坐标系

3. 世界坐标系

　　世界坐标系也是空间笛卡儿坐标系，如图 4-3 所示中的坐标系 $O_0\text{-}X_0Y_0Z_0$ 所示。世界坐标系是其他笛卡儿坐标系（机器人坐标系和工件坐标系）的参考坐标系，在默认没有示教配置世界坐标系的情况下，世界坐标系和机器人坐标系重合。用户可以通过"坐标系管理"界面来示教世界坐标系。机器人工具中心点在世界坐标系下可以进行沿坐标系 X 轴、Y 轴、Z 轴的直线运动，以及绕坐标系 X 轴、Y 轴、Z 轴的旋转运动。本机器人系统支持用户保存 10 个自定义的世界坐标系。

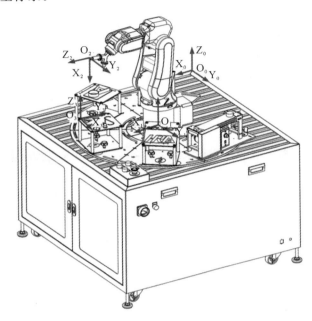

图 4-3　机器人常用坐标系

4. 工具坐标系

　　工具坐标系将机器人腕部法兰盘所夹持工具的有效方向作为 Z 轴，并把工具坐标系的原点定义在工具中心点，如图 4-3 中坐标系 $O_2\text{-}X_2Y_2Z_2$ 所示。当机器人没有安装工具时，工具坐标系建立在机器人法兰盘端面中心点上，Z 轴方向垂直于法兰盘端面指向法兰盘端面的前方，如图 4-4 所示中的坐标系 O-XYZ。当机器人运动时，随着工具中心点的运动，工具坐标系也随之运动。

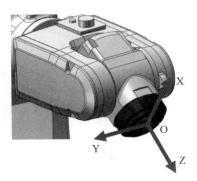

图 4-4　默认工具坐标系

5. 工件坐标系

工件坐标系是建立在世界坐标系下的一个笛卡儿坐标系,主要是方便用户在一个应用中切换世界坐标系下的多个工件,同时减小机器人工具中心点在工件坐标系下进行线性运动和关节运动的示教难度。

本机器人系统共设计有两套独立的工件坐标系:工件坐标系 1 和工件坐标系 2。

工件坐标系 1 是第一套工件坐标系统,是由示教生成的固定不变的工件坐标系,主要用于常规的机器人应用,如图 4-3 中坐标系 O_3-$X_3Y_3Z_3$。工件坐标系 1 下可支持用户保存 10 个自定义的工件坐标系。

工件坐标系 2 是第二套工件坐标系。在普通应用中,工件坐标系 2 和工件坐标系 1 的功能完全一致;在高级应用中,例如同步带跟踪抓取、两轴定位转台等应用中,系统会将工件坐标系 2 下某些序号的坐标系用于内部同步跟踪,具体信息请参考相关高级应用的说明文档。普通应用中,工件坐标系 2 下也可以支持用户保存 10 个自定义的工件坐标系。

4.2 机器人手动操作——关节坐标运动

关节坐标运动用于控制机器人各轴单独运动,方便调整机器人的位姿。在示教模式下,按下伺服使能开关,用户可以通过示教器上的轴操作键,使机器人各轴向所希望的方向和位置运动。

进行关节坐标运动前,需完成以下操作:

(1) 打开控制器电源开关;

(2) 按下控制器按钮板上"开伺服"按钮;

(3) 将示教器上模式旋钮切换至"示教模式"。

具体操作步骤如表 4-1 所示。

表 4-1 关节坐标运动

步骤	图 片 示 例	操 作 说 明
1		启动控制器,进入示教器开机界面

续表

步骤	图 片 示 例	操 作 说 明
2	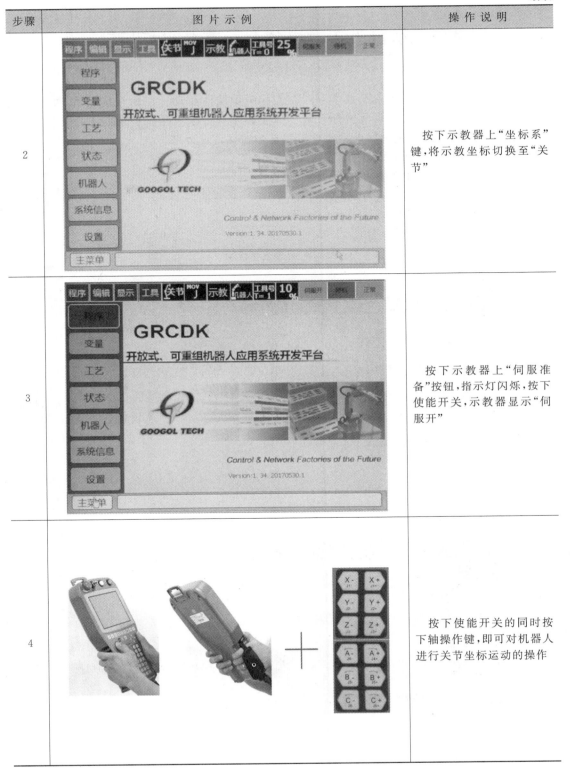	按下示教器上"坐标系"键,将示教坐标切换至"关节"
3		按下示教器上"伺服准备"按钮,指示灯闪烁,按下使能开关,示教器显示"伺服开"
4		按下使能开关的同时按下轴操作键,即可对机器人进行关节坐标运动的操作

注意:在操作时,尽量以小幅度操作,使机器人慢慢运动,以免发生撞击事件。

4.3　机器人手动操作——直角坐标运动

　　直角坐标运动是指机器人工具中心点在空间中做线性运动。在示教模式下,根据所选参考坐标系(如世界坐标系、工具坐标系或工件坐标系等),按下伺服使能开关,用户可以通过示教器上的轴操作键,使机器人沿着对应的坐标轴做直线运动。

　　进行直角坐标运动前,需完成以下操作:

　　(1) 打开控制器电源开关;

　　(2) 按下控制器按钮板上"开伺服"按钮;

　　(3) 将示教器上模式旋钮切换至"示教模式"。

　　具体操作步骤如表 4-2 所示。

表 4-2　直角坐标运动

步骤	图 片 示 例	操 作 说 明
1	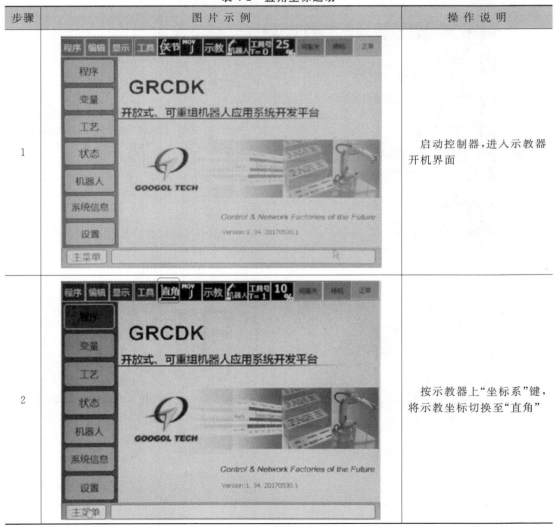	启动控制器,进入示教器开机界面
2		按示教器上"坐标系"键,将示教坐标切换至"直角"

续表

步骤	图 片 示 例	操 作 说 明
3	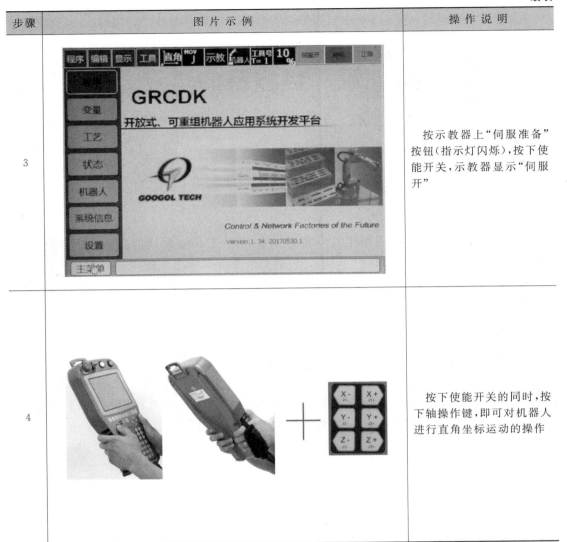	按示教器上"伺服准备"按钮(指示灯闪烁),按下使能开关,示教器显示"伺服开"
4		按下使能开关的同时,按下轴操作键,即可对机器人进行直角坐标运动的操作

思考题

(1) 坐标系有哪些种类?

(2) 简述关节坐标运动操作流程。

(3) 简述直角坐标的运动操作流程。

第 5 章　坐标系的建立

5.1　工具坐标系

机器人大部分坐标系都是笛卡儿直角坐标系,符合右手规则,即右手大拇指指向 Z 轴正方向,食指指向 X 轴正方向,中指指向 Y 轴正方向。

通常,在建立项目时,至少需要建立两个坐标系,即工具坐标系和工件坐标系。前者便于操作人员进行调试工作,后者便于机器人记录工件的位置信息。

5.1.1　工具坐标系建立原理

工具坐标系把机器人腕部法兰盘所握工具的有效方向定为 Z 轴,把坐标系原点定义在工具尖端点或中心点,所以工具坐标系的位姿随腕部的运动而发生变化。沿工具坐标系的移动,以工具的有效方向为基准,与机器人的位置、姿态无关,所以进行相对于工件不改变、工具姿势不变的线性运动时,采用工具坐标系最为适宜。如图 5-1 所示。

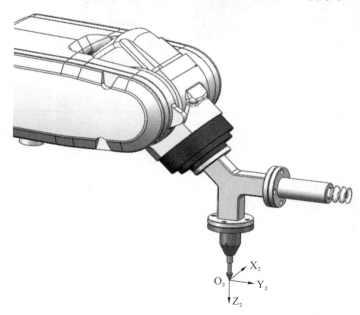

图 5-1　工具坐标系

1. 用户设置工具坐标系

除了机器人固有的工具坐标系外,用户还可自定义 32 个工具坐标系。

2. 设置方法

ER3A-C60 型机器人建立工具坐标系的方法有 3 种:六点法、三点法和四点法。

(1)六点法:三点确定工具中心点,另三点确定工具姿势。六点法不但可以确定工具中心点,还能确定工具末端相对于机器人连接法兰面的姿态。

(2)三点法:三点法设置工具坐标系,相当于只使用六点法中的最后三个点(第四点、第五点、第六点)修正工具的姿态,不改变工具中心点位置。

(3)四点法:使用四点法时,用待测工具中心点从四个任意不同的方向靠近同一个参照点,参照点可以任意选择,但必须为同一个固定不变的点。机器人控制器从四个不同的法兰位置计算出工具中心点(机器人工具中心点运动到参考点的四个法兰位置必须分散开足够的距离,才能使计算出来的工具中心点尽可能精确)。

示教工具坐标系最常用的两种方法是四点法和六点法。

5.1.2　工具坐标系建立步骤

以 ER3A-C60 为例,利用六点法介绍工具坐标系的建立步骤,该方法同样适用于 EFORT 其他型号机器人。

建立工具坐标系前需完成以下操作:

(1)打开控制器电源开关;

(2)按下控制器按钮板上"开伺服"按钮;

(3)将示教器上模式旋钮切换至"示教模式"。

工具坐标系建立的具体步骤见表 5-1。

表 5-1　工具坐标系建立

步骤	图 片 示 例	操 作 说 明
1	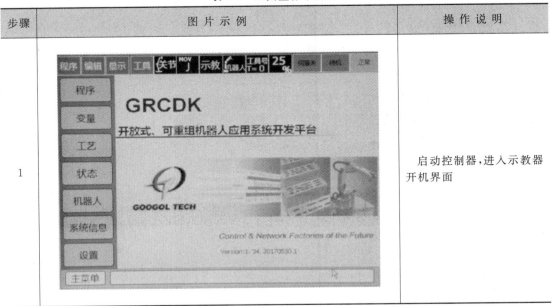	启动控制器,进入示教器开机界面

续表

步骤	图 片 示 例	操 作 说 明
2	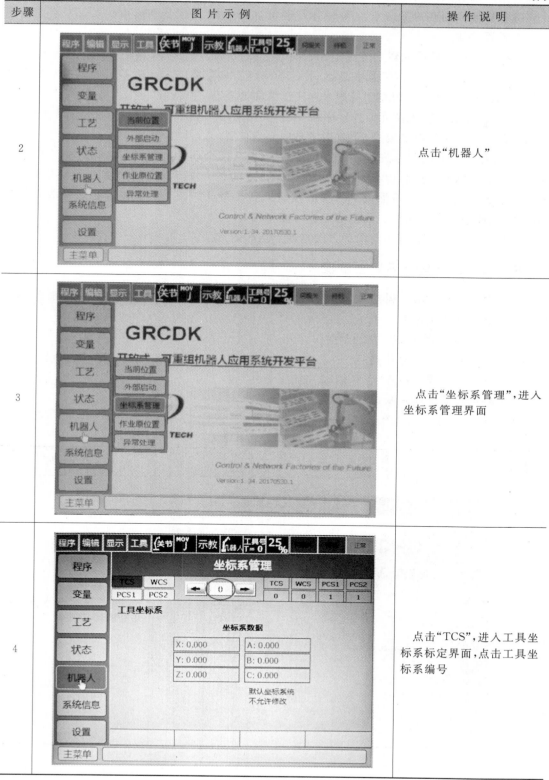	点击"机器人"
3		点击"坐标系管理",进入坐标系管理界面
4		点击"TCS",进入工具坐标系标定界面,点击工具坐标系编号

步骤	图 片 示 例	操 作 说 明
5	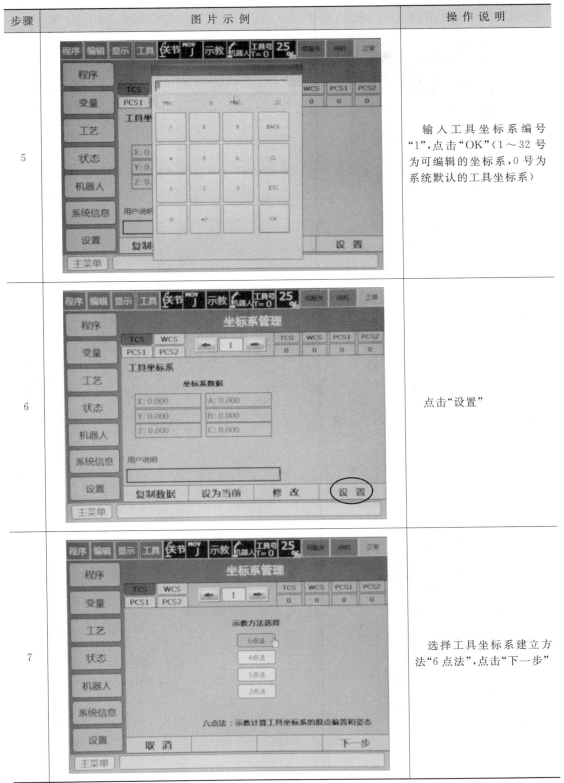	输入工具坐标系编号"1",点击"OK"(1~32 号为可编辑的坐标系,0 号为系统默认的工具坐标系)
6		点击"设置"
7		选择工具坐标系建立方法"6 点法",点击"下一步"

步骤	图 片 示 例	操 作 说 明
8	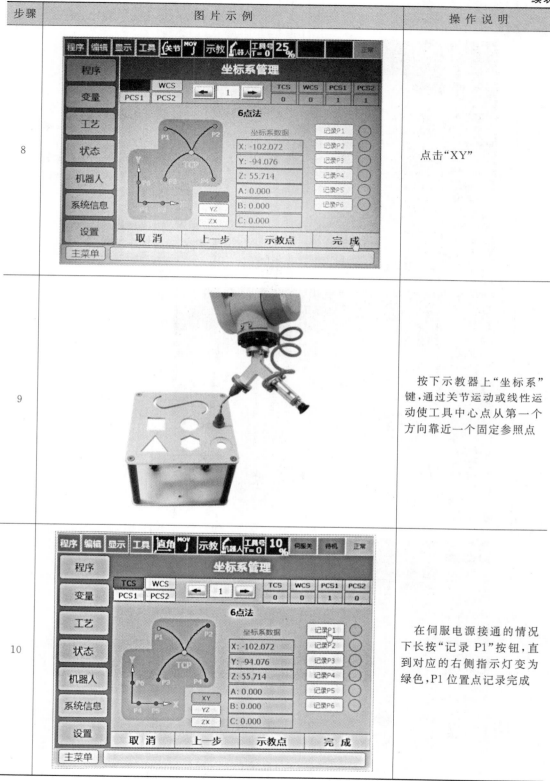	点击"XY"
9		按下示教器上"坐标系"键,通过关节运动或线性运动使工具中心点从第一个方向靠近一个固定参照点
10		在伺服电源接通的情况下长按"记录 P1"按钮,直到对应的右侧指示灯变为绿色,P1 位置点记录完成

续表

步骤	图 片 示 例	操作说明
11	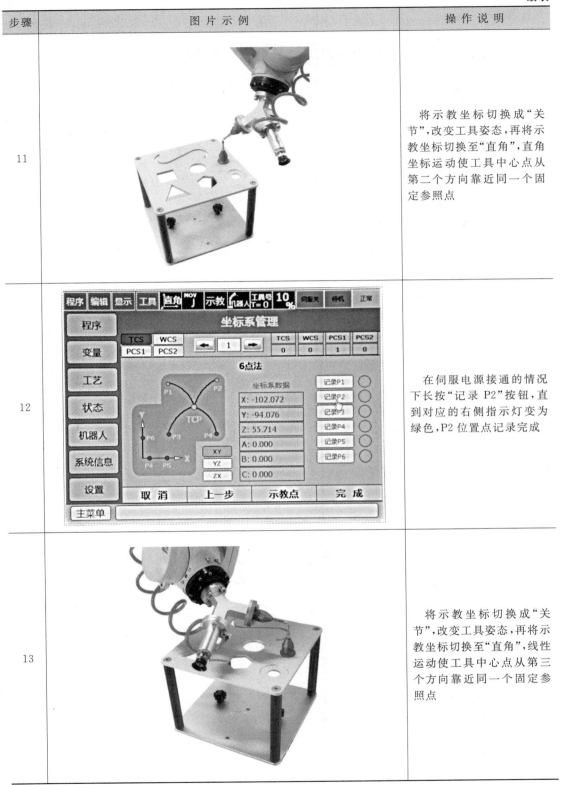	将示教坐标切换成"关节",改变工具姿态,再将示教坐标切换至"直角",直角坐标运动使工具中心点从第二个方向靠近同一个固定参照点
12		在伺服电源接通的情况下长按"记录 P2"按钮,直到对应的右侧指示灯变为绿色,P2 位置点记录完成
13		将示教坐标切换成"关节",改变工具姿态,再将示教坐标切换至"直角",线性运动使工具中心点从第三个方向靠近同一个固定参照点

续表

步骤	图 片 示 例	操作说明
14	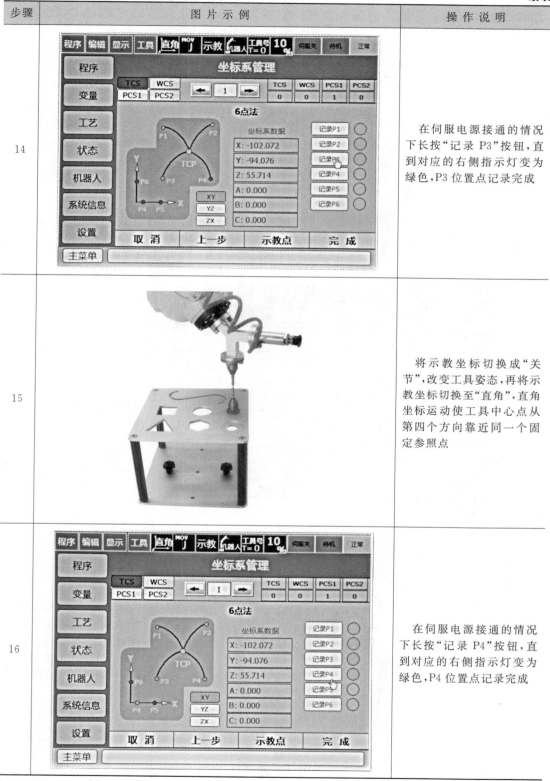	在伺服电源接通的情况下长按"记录 P3"按钮，直到对应的右侧指示灯变为绿色，P3 位置点记录完成
15		将示教坐标切换成"关节"，改变工具姿态，再将示教坐标切换至"直角"，直角坐标运动使工具中心点从第四个方向靠近同一个固定参照点
16		在伺服电源接通的情况下长按"记录 P4"按钮，直到对应的右侧指示灯变为绿色，P4 位置点记录完成

步骤	图 片 示 例	操作说明
17	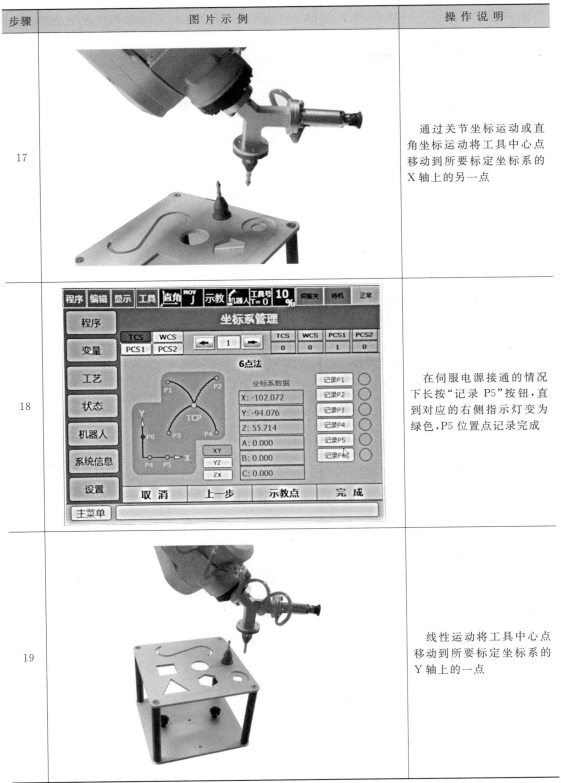	通过关节坐标运动或直角坐标运动将工具中心点移动到所要标定坐标系的 X 轴上的另一点
18		在伺服电源接通的情况下长按"记录 P5"按钮,直到对应的右侧指示灯变为绿色,P5 位置点记录完成
19		线性运动将工具中心点移动到所要标定坐标系的 Y 轴上的一点

续表

步骤	图 片 示 例	操 作 说 明
20	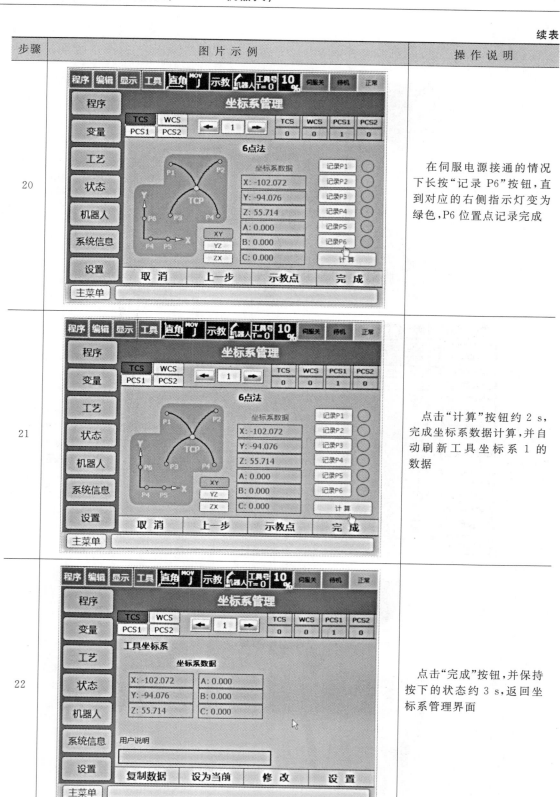	在伺服电源接通的情况下长按"记录 P6"按钮,直到对应的右侧指示灯变为绿色,P6 位置点记录完成
21		点击"计算"按钮约 2 s,完成坐标系数据计算,并自动刷新工具坐标系 1 的数据
22		点击"完成"按钮,并保持按下的状态约 3 s,返回坐标系管理界面

步骤	图 片 示 例	操 作 说 明
23	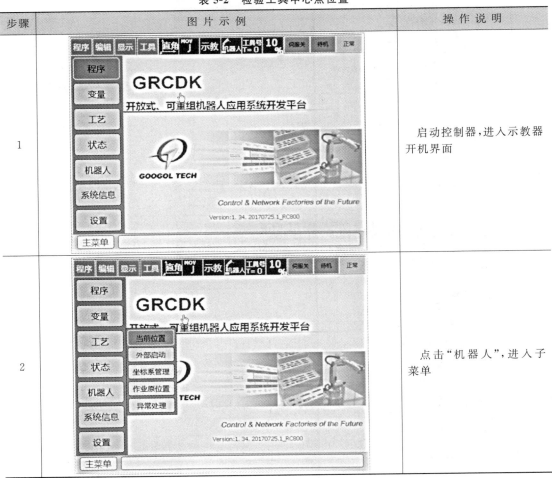	工具坐标系 1 创建完成

5.1.3 工具坐标系检验

1. 工具中心点位置检验

工具中心点检验的具体步骤见表 5-2。

表 5-2 检验工具中心点位置

步骤	图 片 示 例	操 作 说 明
1		启动控制器,进入示教器开机界面
2		点击"机器人",进入子菜单

步骤	图 片 示 例	操 作 说 明
3	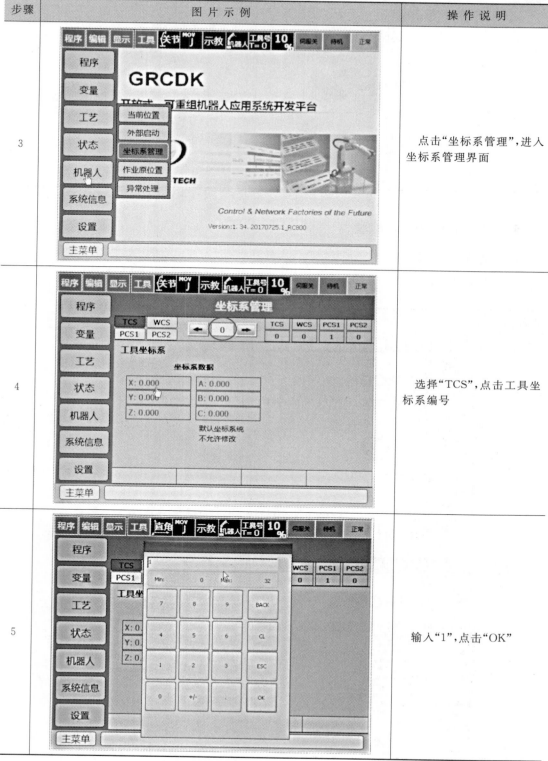	点击"坐标系管理"，进入坐标系管理界面
4		选择"TCS"，点击工具坐标系编号
5		输入"1"，点击"OK"

续表

步骤	图 片 示 例	操 作 说 明
6	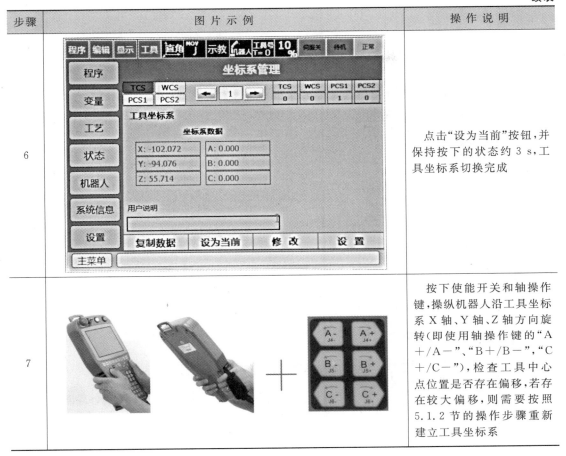	点击"设为当前"按钮，并保持按下的状态约 3 s，工具坐标系切换完成
7	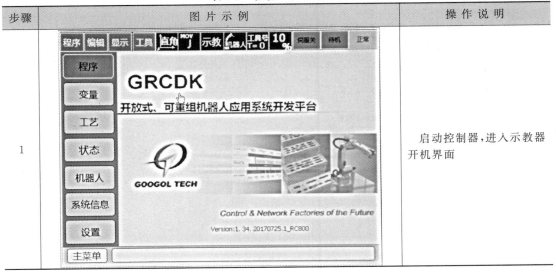	按下使能开关和轴操作键，操纵机器人沿工具坐标系 X 轴、Y 轴、Z 轴方向旋转（即使用轴操作键的"A+/A−"、"B+/B−"、"C+/C−"），检查工具中心点位置是否存在偏移，若存在较大偏移，则需要按照 5.1.2 节的操作步骤重新建立工具坐标系

2. 工具坐标系 X、Y、Z 方向检验

工具坐标系 X、Y、Z 方向检验的具体步骤见表 5-3。

表 5-3　检验 X、Y、Z 方向

步骤	图 片 示 例	操 作 说 明
1	GRCDK 开放式、可重组机器人应用系统开发平台 GOOGOL TECH Control & Network Factories of the Future Version:1. 34. 20170725.1_RC800	启动控制器，进入示教器开机界面

续表

步骤	图 片 示 例	操 作 说 明
2	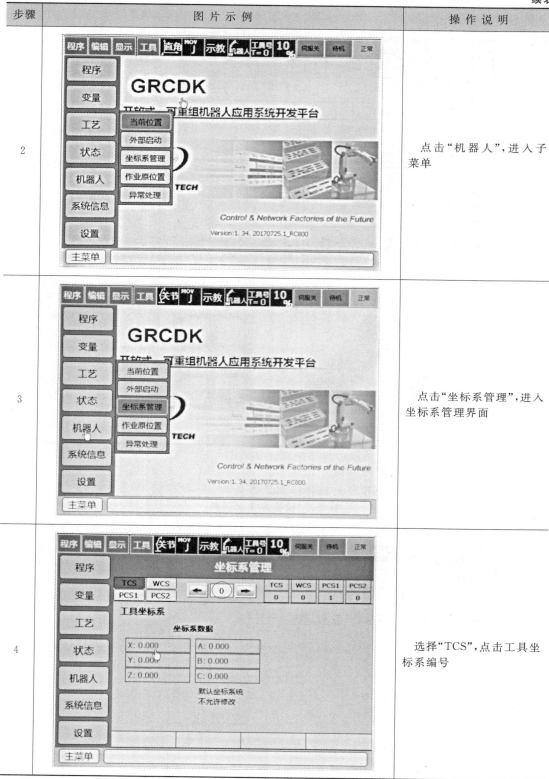	点击"机器人"，进入子菜单
3		点击"坐标系管理"，进入坐标系管理界面
4		选择"TCS"，点击工具坐标系编号

步骤	图 片 示 例	操 作 说 明
5	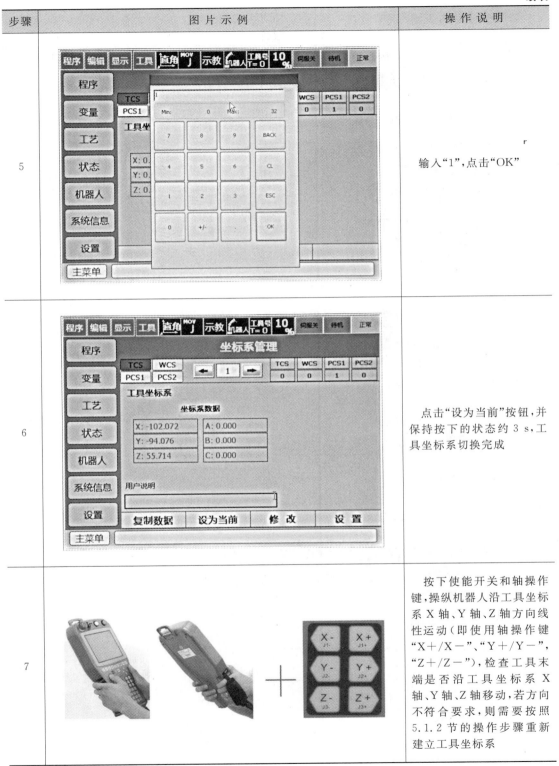	输入"1",点击"OK"
6		点击"设为当前"按钮,并保持按下的状态约 3 s,工具坐标系切换完成
7		按下使能开关和轴操作键,操纵机器人沿工具坐标系 X 轴、Y 轴、Z 轴方向线性运动(即使用轴操作键"X+/X-"、"Y+/Y-"、"Z+/Z-"),检查工具末端是否沿工具坐标系 X 轴、Y 轴、Z 轴移动,若方向不符合要求,则需要按照 5.1.2 节的操作步骤重新建立工具坐标系

注意:以上检验如偏差不符合要求,则重复设置步骤。

3. 清除坐标系

清除坐标系的步骤见表5-4。

表 5-4　清除坐标系

步骤	图片示例	操作说明
1	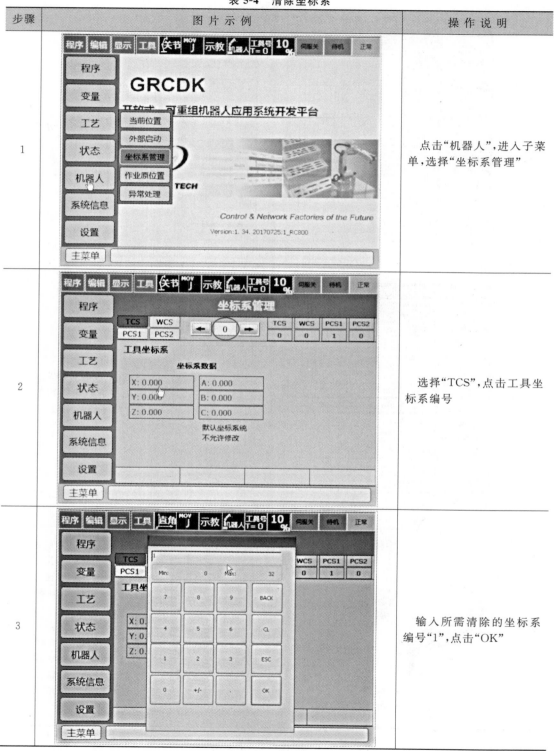	点击"机器人",进入子菜单,选择"坐标系管理"
2		选择"TCS",点击工具坐标系编号
3		输入所需清除的坐标系编号"1",点击"OK"

步骤	图片示例	操作步骤
4	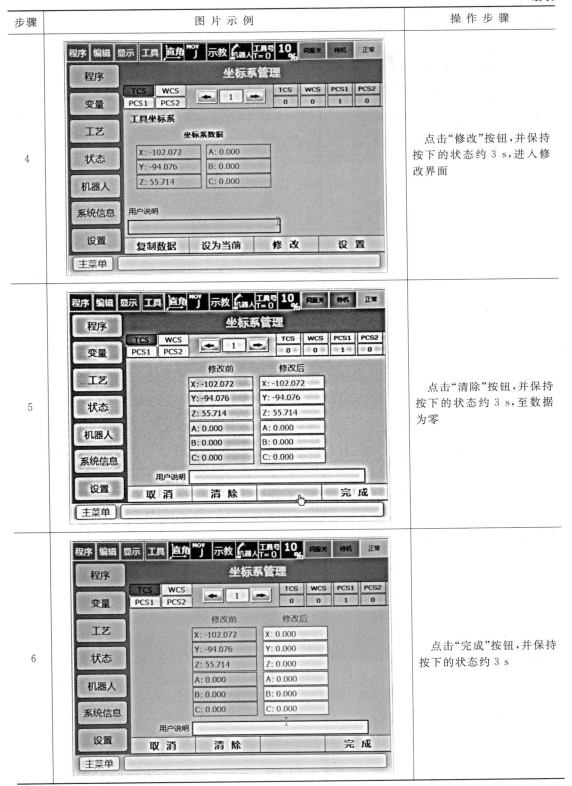	点击"修改"按钮，并保持按下的状态约 3 s，进入修改界面
5		点击"清除"按钮，并保持按下的状态约 3 s，至数据为零
6		点击"完成"按钮，并保持按下的状态约 3 s

续表

步骤	图片示例	操作说明
7	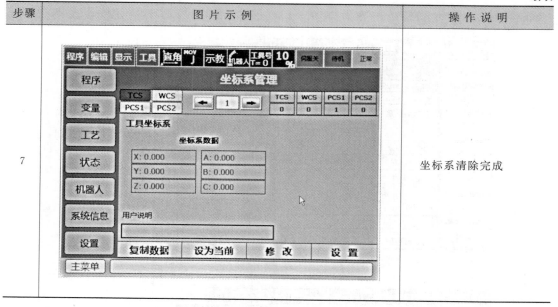	坐标系清除完成

5.2　工件坐标系

工件坐标系是以机器人基坐标系为参考，在工件或工作台上建立的坐标系，用来确定工件相对于基坐标系（或其他坐标系）的位置。

当机器人配置多个工件或工作台时，建立坐标系可使操作更为简单。例如：进行排列或码垛作业，如在托盘上设定工件坐标系，则平行移动时，设定偏移量的增量变得更为简单。

5.2.1　工件坐标系建立原理

EFORT ER3A-C60 型机器人利用三点法来建立工件坐标系，用户可自定义编号为 1～32 的工件坐标系。坐标系编号为 0 的坐标系数据是默认不使用工件坐标系的情况下的数据，不允许用户进行标定和更改。

坐标系数据修改主要通过两种示教方法来实现，如图 5-3 所示，这两种方法都是三点法。

第一种方法示教三个点为：原点 P1，X 轴（Y 轴或 Z 轴）正方向上的一点 P2，XY 平面（YZ 平面或 ZX 平面）上的一点 P3。用这种方法示教的坐标系的原点位于 P1 点，X 轴（Y 轴或 Z 轴）的正方向从 P1 点指向 P2 点，P3 点位于 Y 轴（Z 轴或 X 轴）正方向一侧。

第二种方法示教三个点为：X 轴（Y 轴或 Z 轴）上的一点 P1 和另一点 P2，在 Y 轴（Z 轴或 X 轴）上示教第三个点 P3。过 P3 点作 P1-P2 连线的垂线，垂足位置处即为坐标系的原点。用这种方法示教的坐标系的 X 轴（Y 轴或 Z 轴）正方向从 P1 点指向 P2 点，P3 点位于 Y

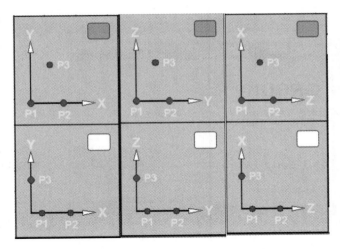

图 5-3　三点法模式选择(XY/YZ/ZX 平面)

轴(Z 轴或 X 轴)的正半轴上。

　　这两种方法示教的坐标系的效果基本一致,如图 5-4 所示。

图 5-4　工件坐标系

5.2.2　工件坐标系建立步骤

　　以 ER3A-C60 为例,利用三点法介绍工件坐标系的建立步骤,该方法同样适用于 EFORT 其他型号机器人。

　　建立工件坐标系前,需完成以下操作:

　　(1) 打开控制器电源开关;

　　(2) 按下控制器按钮板上"开伺服"按钮;

　　(3) 将示教器上模式旋钮切换至"示教模式"。

　　工件坐标系建立步骤见表 5-5。

表 5-5　工件坐标系

步骤	图 片 示 例	操作说明
1	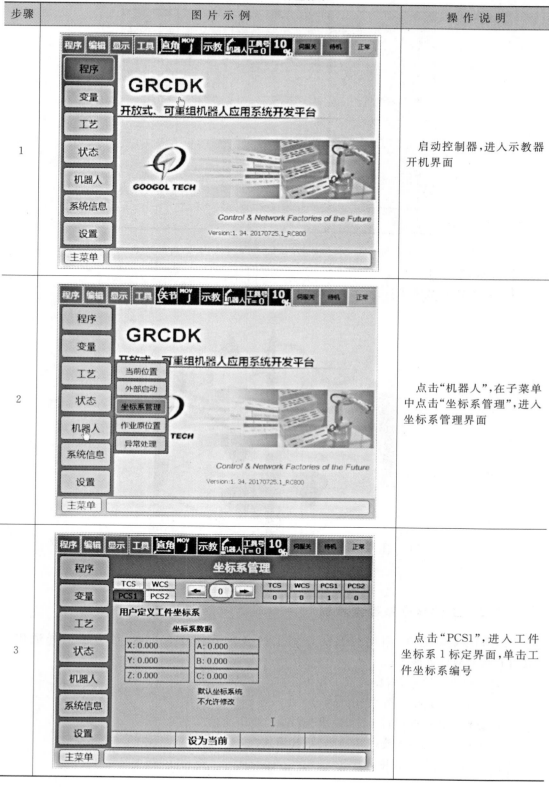	启动控制器,进入示教器开机界面
2		点击"机器人",在子菜单中点击"坐标系管理",进入坐标系管理界面
3		点击"PCS1",进入工件坐标系 1 标定界面,单击工件坐标系编号

步骤	图 片 示 例	操 作 说 明
4	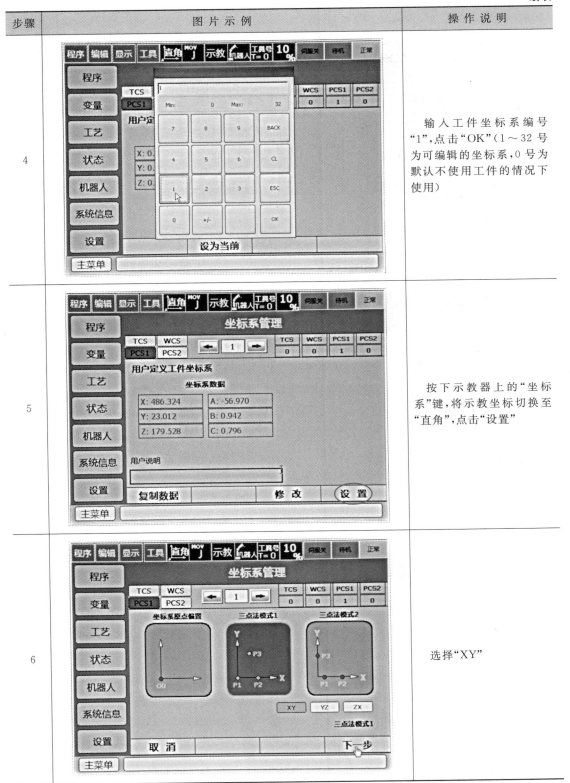	输入工件坐标系编号"1",点击"OK"(1~32 号为可编辑的坐标系,0 号为默认不使用工件的情况下使用)
5		按下示教器上的"坐标系"键,将示教坐标切换至"直角",点击"设置"
6		选择"XY"

续表

步骤	图 片 示 例	操 作 说 明
7	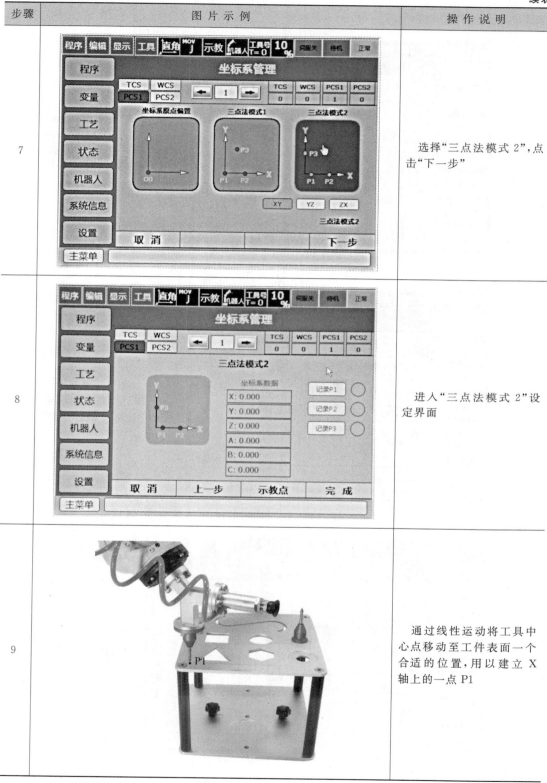	选择"三点法模式 2",点击"下一步"
8		进入"三点法模式 2"设定界面
9		通过线性运动将工具中心点移动至工件表面一个合适的位置,用以建立 X 轴上的一点 P1

步骤	图片示例	操作说明
10		点击"记录 P1"按钮约 2 s,直到对应的右侧指示灯变为绿色,P1 位置点记录完成
11		通过线性运动将工具中心点移动至所要标定坐标系 X 轴上的另一点 P2
12		在伺服电源接通的情况下点击"记录 P2"按钮约 2 s,直到对应右侧的指示灯变为绿色,P2 位置点记录完成

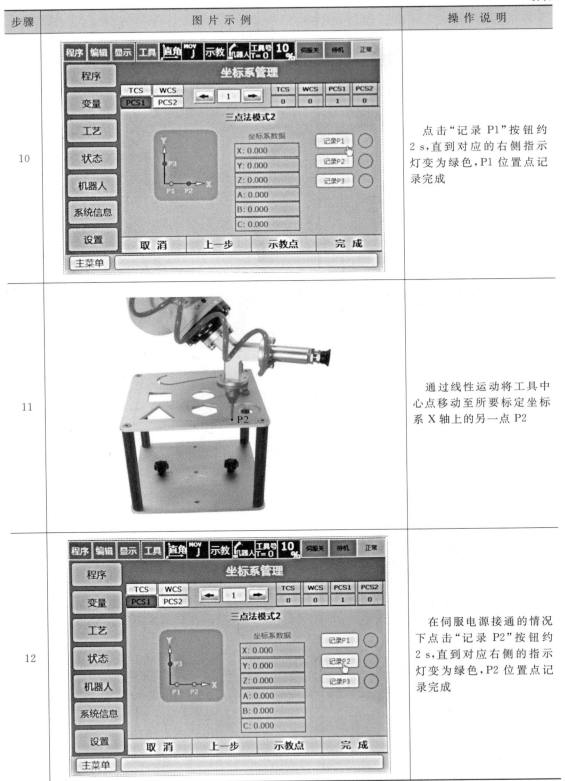

续表

步骤	图 片 示 例	操 作 说 明
13	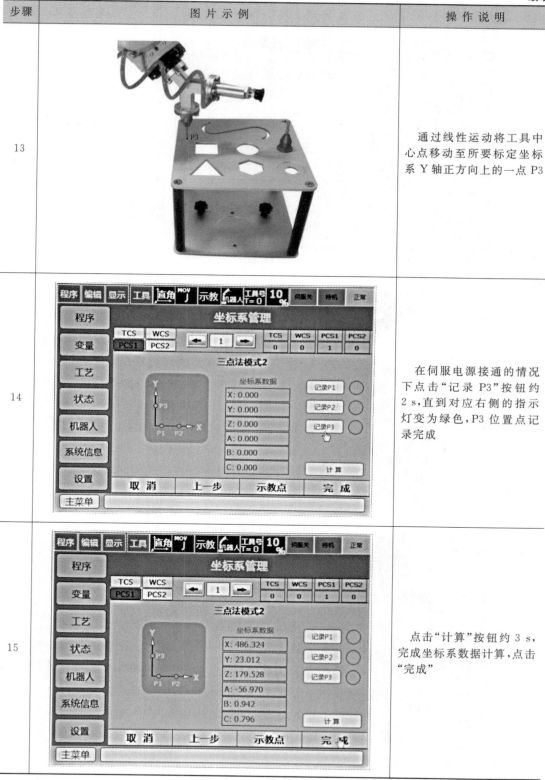	通过线性运动将工具中心点移动至所要标定坐标系 Y 轴正方向上的一点 P3
14		在伺服电源接通的情况下点击"记录 P3"按钮约 2 s,直到对应右侧的指示灯变为绿色,P3 位置点记录完成
15		点击"计算"按钮约 3 s,完成坐标系数据计算,点击"完成"

续表

步骤	图 片 示 例	操 作 说 明
16	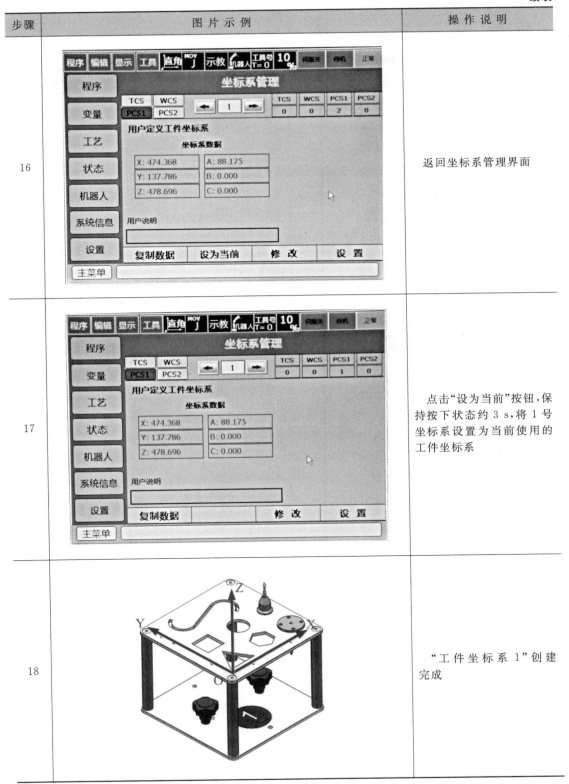	返回坐标系管理界面
17		点击"设为当前"按钮,保持按下状态约 3 s,将 1 号坐标系设置为当前使用的工件坐标系
18		"工件坐标系 1"创建完成

5.2.3 工件坐标系检验

工件坐标系检验步骤见表 5-6。

表 5-6 检验工件坐标系

步骤	图片示例	操作说明
1	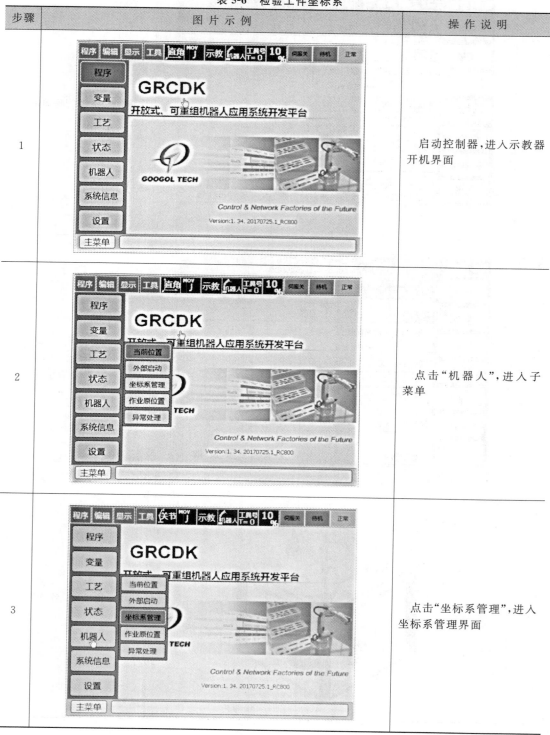	启动控制器,进入示教器开机界面
2		点击"机器人",进入子菜单
3		点击"坐标系管理",进入坐标系管理界面

步骤	图 片 示 例	操 作 说 明
4	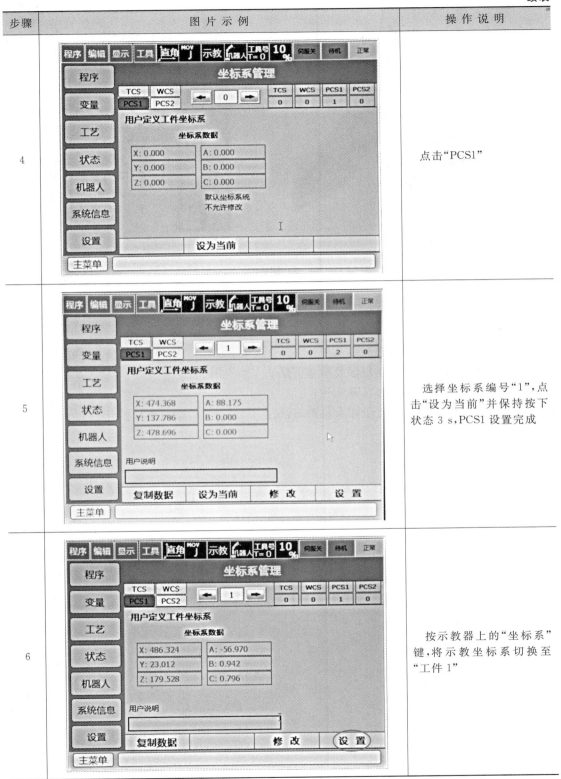	点击"PCS1"
5		选择坐标系编号"1",点击"设为当前"并保持按下状态 3 s,PCS1 设置完成
6		按示教器上的"坐标系"键,将示教坐标系切换至"工件 1"

续表

步骤	图 片 示 例	操 作 说 明
7	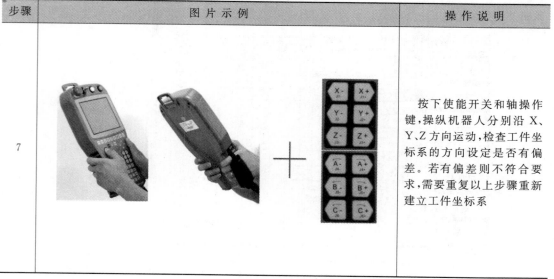	按下使能开关和轴操作键,操纵机器人分别沿 X、Y、Z 方向运动,检查工件坐标系的方向设定是否有偏差。若有偏差则不符合要求,需要重复以上步骤重新建立工件坐标系

思考题

（1）工具坐标系标定方法有哪几种？

（2）简述工具坐标系建立步骤及检验方法。

（3）工件坐标系设置方法有哪几种？

（4）简述工件坐标系建立步骤及检验方法。

第6章 I/O 通信

6.1 I/O 硬件介绍

6.1.1 本体 I/O 接口

本体 I/O 接口为机器人内部信号接口,它主要用来控制机器人末端夹具信号。如图 6-1 所示。

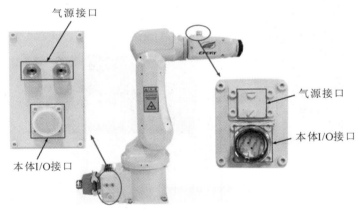

图 6-1　本体内部接口实物图

机器人本体 I/O 接口共有 12 个信号接口,包括 4 个机器人输入信号接口、4 个机器人输出信号接口、4 个电源信号接口。它的插脚排列如图 6-2 所示,其中 9、10 号引脚为"24 V",11、12 号引脚为"0 V"。

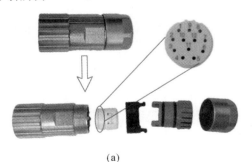

(a)

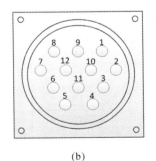

(b)

图 6-2　本体 I/O 接口图

(a) 航空插头实物图　(b) 引脚图

本体内部接口各引脚功能如表 6-1 所示。

表 6-1　本体内部接口各引脚功能

引脚号	名称	功能	引脚号	名称	功能
1	DI0	输入信号	7	DO2	输出信号
2	DI1	输入信号	8	DO3	输出信号
3	DI2	输入信号	9	24V	高电平
4	DI3	输入信号	10	24V	高电平
5	DO0	输出信号	11	0V	低电平
6	DO1	输出信号	12	0V	低电平

6.1.2　用户 I/O 接口

用户根据实际系统的需要,将机器人与外部系统通过用户 I/O 接口进行信号交互。用户 I/O 接口由机器人控制柜上 2 个 16P 的插拔式接线端子排组成。实物图如图 6-3 所示。

图 6-3　用户 I/O 接口实物图

表 6-2 所示的地址分配均为出厂默认值,主要包含数字 I/O 信号和一些已经确定了用途的专用信号。其中 ESTOP1＋与 ESTOP1－,ESTOP2＋与 ESTOP2－出厂已做短接,此为急停信号。

表 6-2　外围设备

PIN	input	output	PIN	input	output
1	DI4	DO4	9	DI12	DO12
2	DI5	DO5	10	DI13	DO13
3	DI6	DO6	11	DI14	DO14
4	DI7	DO7	12	DI15	DO15
5	DI8	DO8	13	24VP	ESTOP1＋
6	DI9	DO9	14	24VP	ESTOP1－
7	DI10	DO10	15	24VG	ESTOP2＋
8	DI11	DO11	16	24VG	ESTOP2－

6.2　I/O 应用实例

6.2.1　本体 I/O 应用实例

本节以 KYD650N5-T1030 型红光点状激光器为例,介绍机器人 I/O 的输出信号硬件连接方式。将激光器的红色线接至 I/O 信号线接口的 6 号引脚(红色线为信号线),白色线为 0 V 电源线,连接至 I/O 信号线接口的 12 号引脚。红光点状激光器实物图如图 6-4(a)所示,电气原理图如图 6-4(b)所示。

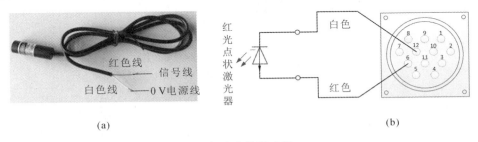

(a)　　　　　　　　　　　　　　　　(b)

图 6-4　红光点状激光器

(a)红光点状激光器实物图　(b)电气原理图

6.2.2　用户 I/O 应用实例

1. 光电传感器输入信号连接

CX441 型光电传感器的棕色线接入外部电源 24V,蓝色线接入外部电源 0V,黑色线接入外围设备输入接口的 5 号引脚,如图 6-5 所示。

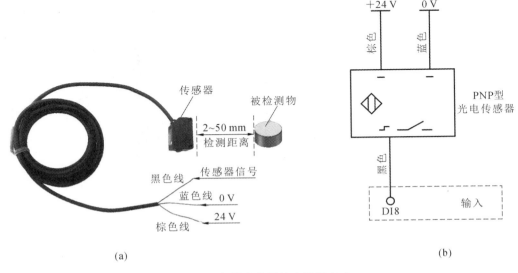

(a)　　　　　　　　　　　　　　　　(b)

图 6-5　机器人信号输入接线方式

(a)CX441 型光电传感器实物图　(b)电气原理图

2. 电磁阀输出信号的连接

亚德客 5V110-06 型电磁阀为二位五通单电控型电磁阀。将电磁阀线圈的两根线分别连接至外部电源+24 V 接口和用户 I/O 接口 DO7,如图 6-6 所示。

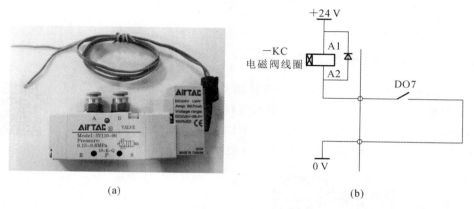

(a)   (b)

图 6-6　机器人外部输出接线方式

(a) 亚德客 5V110-06 电磁阀实物图　(b) 电气原理图

思考题

(1) 机器人本体 I/O 共有几路输入/输出信号?

(2) 用户 I/O 接口共有几路输入/输出信号?

第7章　机器人基本指令

EFORT 机器人基本指令共分为：移动1指令、移动2指令、I/O 指令、控制指令、演算指令、字符指令、通信指令等。

7.1　移动1指令

本书中移动1指令包括：MOVJ 关节 PTP 运动指令、MOVL CP 直线运动指令、MOVC CP 圆弧运动指令、MOVS CP 门曲线运动指令、MOVP 直角 PTP 运动指令等。

1. MOVJ 关节 PTP 运动指令

MOVJ 关节 PTP 运动指令是使机器人从开始点移动到目标点的基本运动指令，其运动示意如图 7-1 所示。机器人所有轴可操作，移动轨迹通常为非直线，在对目标点进行示教时记录该点位置。

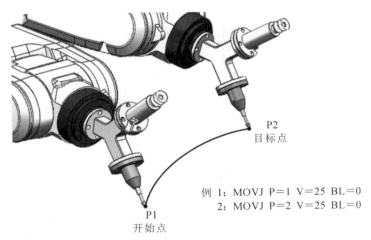

例 1：MOVJ P=1 V=25 BL=0
　2：MOVJ P=2 V=25 BL=0

图 7-1　关节 PTP 运动

2. MOVL CP 直线运动指令

MOVL CP 直线运动指令是使所选定的机器人工具中心点以直线运动轨迹从开始点运动到目标点的指令，其运动示意如图 7-2 所示。

3. MOVC CP 圆弧运动指令

MOVC CP 圆弧运动指令是将工具中心点以圆弧运动轨迹方式从动作开始点通过经过点移动到目标点的指令，其运动示意如图 7-3 所示。

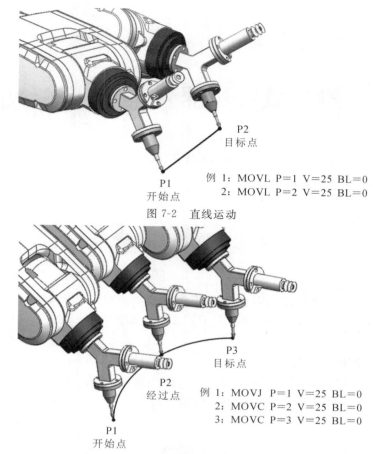

例 1：MOVL P＝1 V＝25 BL＝0
   2：MOVL P＝2 V＝25 BL＝0

图 7-2　直线运动

例 1：MOVJ P＝1 V＝25 BL＝0
   2：MOVC P＝2 V＝25 BL＝0
   3：MOVC P＝3 V＝25 BL＝0

图 7-3　圆弧运动

4. MOVS CP 门曲线运动指令

功能说明：使机器人工具中心点以不规则圆弧插补方式移动至目标位置。其格式、示例及说明如表 7-1 所示。

表 7-1　MOVS CP 门曲线运动指令的格式、示例及说明

格式	MOVL V＝25 BL＝过渡段长度 VBL＝过渡段速度 MOVS P＝目标位置 V＝运行速度百分比 BL＝0 VBL＝0
示例	MOVL V＝25 BL＝0 VBL＝0 MOVS P＝1 V＝25 BL＝0 VBL＝0
说明	以不规则圆弧插补方式移动至目标位置 P

5. MOVP 直角 PTP 运动指令

功能说明：使机器人工具中心点以点到点直线插补方式移动至目标位置，用于速度高而对轨迹要求不严格的场合，例如搬运作业。其格式、示例及说明如表 7-2 所示。

表 7-2　MOVP 直角 PTP 运动指令的格式、示例及说明

格式	MOVL V＝25 BL＝过渡段长度 VBL＝过渡段速度 MOVP P＝目标位置 V＝运行速度百分比 BL＝0 VBL＝0
示例	MOVL V＝25 BL＝0 VBL＝0 MOVP P＝1 V＝25 BL＝100 VBL＝0
说明	以点到点直线插补方式移动至目标位置 P，P 点是在位置型变量提前示教好的位置点，1 代表该点的序号

7.2　移动 2 指令

移动 2 指令包括 SPEED 全局速度、DYN 全局加速度、DEGREE 圆弧角度、ABCMODE 姿态模式、MOFFSETON 运动偏移开始、MOFFSETOF 运动偏移结束、EXTAXSACT 变位系统激活、GETPOS 获取当前位置、COORDNUM 坐标系切换、WAITMOV 运动完成等指令。

1. SPEED 全局速度指令

功能说明：调整本条语句后面的运动指令的速度百分比。该指令的格式、示例及说明如表 7-3 所示。

表 7-3　SPEED 全局速度指令的格式、示例及说明

格式	SP＝〈速度百分比〉 速度百分比：取值范围为 1～100，如果不调用 SPEED 指令则程序默认值为 20
示例	SPEED SP＝70
说明	表示整体速率调整至 70％

2. DYN 全局加速度指令

功能说明：调整本条语句后面的运动指令的加速度、减速度、加加速度时间。该指令的格式、示例及说明如表 7-4 所示。

表 7-4　DYN 全局加速度指令的格式、示例及说明

格式	DYN ACC＝〈加速度百分比〉DCC＝〈减速度百分比〉J＝〈加加速度〉 ACC＝〈加速度百分比〉：加速度百分比取值范围为 1 至 100，默认值为 10 DCC＝〈减速度百分比〉：减速度百分比取值范围为 1 至 100，默认值为 10 J＝〈加加速度〉：加加速度取值范围为 8～800 ms，默认值为 128
示例	DYN ACC＝60 DCC＝60 J＝50
说明	表示本条语句后面的运动指令的加速度百分比设置为 60％，减速度百分比设置为 60％，加加速度时间设置为 50 ms

3. COORDNUM 坐标系切换指令

功能说明：选择坐标系号。可以用于操作 WCS、TCS、PCS1、PCS2。该指令的格式、示例及功能说明如表 7-5 所示。

表 7-5　COORDNUM 坐标系切换指令的格式、示例及功能说明

格式	COORD_NUM COOR＝TCS ID＝坐标系号
示例	COORD_NUM COOR＝TCS ID＝1 MOVL P＝1 V＝25 BL＝0 VBL＝0 MOVL P＝2 V＝25 BL＝0 VBL＝0 COORD_NUM COOR＝TCS ID＝2 MOVL P＝3 V＝25 BL＝0 VBL＝0
说明	P1、P2 点以 1 号工具坐标系运行，P3 点以 2 号工具坐标系运行

4. WAITMOV 运动完成指令

功能说明:等待运动完成。该指令的格式、示例及说明如表 7-6 所示。

表 7-6 WAITMOV 运动完成指令的格式、示例及说明

格式	WAITMOV DIS＝距离终点的距离
示例	MOVL P＝1 V＝25 BL＝50 VBL＝0 DOUT DO＝1.2 VALUE＝1 WAITMOV DIS＝10 MOVL P＝2 V＝25 BL＝0 VBL＝0
说明	P1 点运行至距离目标点 50 mm 时开始输出 1、2 号输出点,距离目标点 10 mm 时开始过渡至 P2 点

7.3 I/O 指 令

    I/O(输入/输出)指令,是改变向外围设备的输出信号状态,或读出输入信号状态的指令。I/O 指令有 DOUT 数字量输出、AOUT 模拟量输出、WAIT 等待 I/O、DIN 数字量输入、AIN 模拟量输入、PULSE 数字量方波、WAITSYN 等待同步信号、CLRTRIGIO 复位 TRIGIO 指令等。

常用的 I/O 指令有如下几种。

1. DOUT 数字量输出指令

功能说明:I/O 输出点复位或者置位。其格式、示例及说明如表 7-7 所示。

表 7-7 DOUT 数字量输出

格式	DOUT DO＝A.B VALUE＝〈位值〉 A.B:I/O 位赋值 A.B A＝0:表示端子板上的输出点 A＝1～16:表示远程输出 I/O 模块组号 B:表示组模块上的 I/O 位置,取值范围为 0～15 位值:0 或 1
示例	DOUT DO＝1.1 VALUE＝1
说明	将第一组远程输出模块的第一个 I/O 置"1"

2. AOUT 模拟量输出指令

功能说明:模拟量 I/O 输出。其格式、示例及说明如表 7-8 所示。

表 7-8 AOUT 模拟量输出

格式	AOUT AO＝〈模拟量位〉VALUE＝〈位值〉 模拟量位:模拟量位赋值为模拟量 I/O 对应的 0～2048 位 位值:取值范围为 0～100
示例	AOUT AO＝1 VALUE＝15
说明	将第二个模拟量 I/O 点的输出设为输出最大模拟量的 15%

3. WAIT 等待 I/O 指令

功能说明:等待 I/O 输入点信号。其格式、示例及说明如表 7-9 所示。

表 7-9　WAIT 等待 I/O

格式	WAIT DI＝A. B VALUE＝〈位值〉 A. B:I/O 位赋值 A. B A＝0:表示端子板上的输入点 A＝1～16:表示远程输入 I/O 模块组号 B:表示组模块上的 I/O 位置,取值范围为 0～15 位值:0 或 1
示例	WAIT DI＝1.1 VALUE＝0
说明	将第一组远程输入 I/O 模块的第一个 I/O 置为"0"

4. DIN 数字量输入指令

功能说明:把 I/O 输入信号读取到布尔型变量中。其格式、示例及说明如表 7-10 所示。

表 7-10　DIN 数字量输入

格式	DIN B＝变量号 DI＝A. B 变量号:赋值范围 1～96 A. B:I/O 位赋值 A. B A＝0:表示端子板上的输入点 A＝1～16:表示远程输入 I/O 模块组号 B:表示组模块上的 I/O 位置,取值范围为 0～15
示例	DIN B＝1 DI＝0.1
说明	表示把第一个 I/O 输入点的值读取到 B001 的布尔型变量中

7.4　控 制 指 令

控制指令用于改变程序执行顺序及流程,使程序能够完成相应的过程。控制指令分为 JUMP 跳转、CALL 调用子程序、TIMER 延时、IF 条件判断、PAUSE 暂停、WHILE 循环判断、//注释、□跳转标志、CLKSTART 计时器开始、CLKSTOP 计时器停止、CLKRESET 计时器复位、SYSDATE 系统日期指令等。

常用的控制指令有如下几种。

1. JUMP 跳转指令

其格式、示例及说明如表 7-11 所示。

表 7-11　JUMP 跳转指令的格式、示例及说明

格式	JUMP L＝行号 行号取值为小于 JUMP 所在行的行号
示例	JUMP L＝0001
说明	跳转到第一行

2. CALL 调用子程序指令

其格式、示例及说明如表 7-12 所示。

表 7-12　CALL 调用子程序指令的格式、示例及说明

格式	CALL PROG＝程序名称 程序名称是已经存在的程序文件的程序名称,不允许递归循环调用
示例	CALL PROG＝1
说明	表示要调用程序文件名字为 1 的子程序

3. TIMER 延时指令

功能说明:延时子程序。其格式、示例及说明如表 7-13 所示。

表 7-13　TIMER 延时指令的格式、示例及说明

格式	TIMER T ＝时间 时间:范围为 0～4294967295 ms
示例	TIMER T＝1000
说明	等待时间为 1000 ms

4. IF 条件判断指令

功能说明:判断语句。其格式、示例及说明如表 7-14 所示。

表 7-14　IF 条件判断指令的格式、示例及说明

格式	IF 判断要素 1 判断条件〈判断要素 2〉THEN 程序 1 ELSE 程序 2 END_IF 判断要素:I＝整形变量、B＝布尔型变量、R＝实型变量(判断要素 1 与判断要素 2 的变量类型必须保持一致) 判断条件:EQ＝等于 LT＝小于 LE＝小于等于 GT＝大于 GE＝大于等于 NE＝不等于

示例	IF I＝001 EQ I＝002 THEN
	程序 1
	ELSE
	程序 2
	END_IF

说明	如果判断要素 1(整型变量 I001)等于判断要素 2(整型变量 I002)时,执行程序 1,执行程序 2

5. PAUSE 暂停

功能说明:暂停执行程序。其格式、示例及说明如表 7-15 所示。

表 7-15　PAUSE 暂停的格式、示例及说明

格式	PAUSE 程序
示例	PAUSE MOVL P＝1 V＝25 BL＝0 VBL＝0 MOVL P＝2 V＝25 BL＝0 VBL＝0
说明	在单步示教模式下,会跳过此句不执行;在回放模式下,可按下示教器上"启动"键继续执行

6. WHILE 循环判断

功能说明:条件满足的情况下,进入循环,条件不满足时退出循环。其格式、示例及说明如表 7-16 所示。

表 7-16　WHILE 循环判断的格式、示例及说明

格式	WHILE〈判断要素 1〉判断条件〈判断要素 2〉 程序 END_WHILE 判断要素:I＝整形变量、B＝布尔型变量、R＝实型变量(变量 1 与变量 2 的类型必须保持一致) 判断条件:EQ＝等于 LT＝小于 LE＝小于等于 GT＝大于 GE＝大于等于 NE＝不等于
示例	WHILE I＝001 EQ I＝002 程序 END_WHILE
说明	当判断要素 1(整型变量 I001)等于判断要素 2(整型变量 I002)时,执行程序,否则退出循环

思考题

(1) 移动 1 指令中包含哪些指令?

(2) 延时指令的取值范围是怎样的?

(3) WHILE 循环指令的定义是什么?

第8章 机器人编程基础

8.1 程序构成

程序编辑界面主要由四部分构成,分别为显示区、地址区、内容区、命令编辑区,如图 8-1 所示。

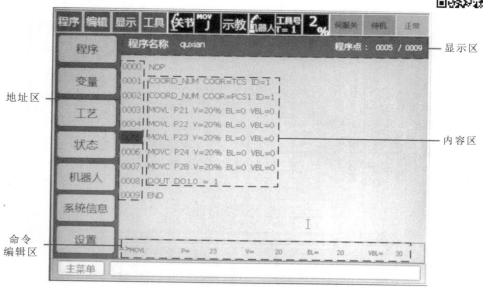

图 8-1 程序编辑界面

程序界面说明如下。

(1) 地址区:显示行号。

(2) 显示区:显示程序名称以及当前选中的文件行号。

(3) 内容区:显示程序内容。

(4) 命令编辑区:显示被选中的指令行,可以进行相应的编辑。

8.2 程序编辑

创建程序前,要对程序进行设计,考虑机器人执行所期望作业的最有效方法,即考虑选用哪些适当的指令来创建程序。

通过显示在示教器上的菜单选择指令来创建程序。在对机器人的位置进行示教的情况下,执行手动操作机器人,使机器人移动到适当的位置。

8.2.1 程序创建

创建程序的具体步骤如表 8-1 所示。

表 8-1 程序创建

步骤	图 片 示 例	操 作 说 明
1	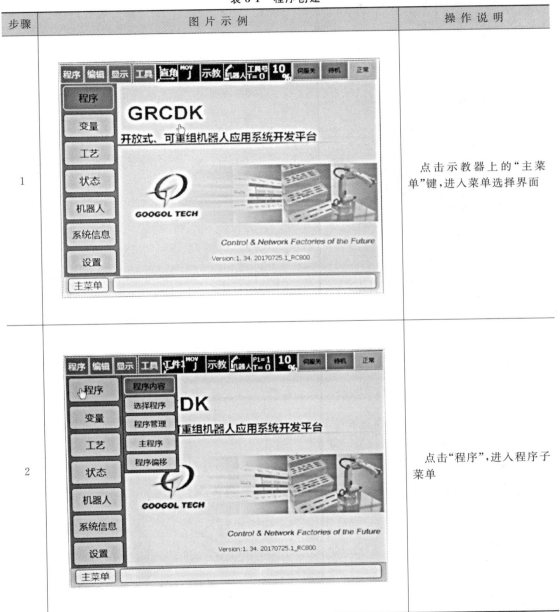	点击示教器上的"主菜单"键,进入菜单选择界面
2		点击"程序",进入程序子菜单

步骤	图 片 示 例	操 作 说 明
3	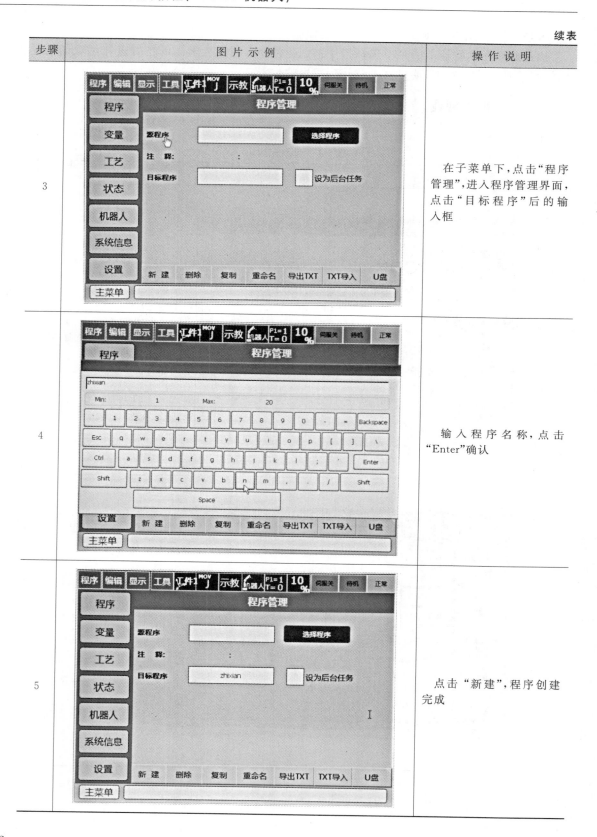	在子菜单下,点击"程序管理",进入程序管理界面,点击"目标程序"后的输入框
4		输入程序名称,点击"Enter"确认
5		点击"新建",程序创建完成

续表

步骤	图 片 示 例	操 作 说 明
6	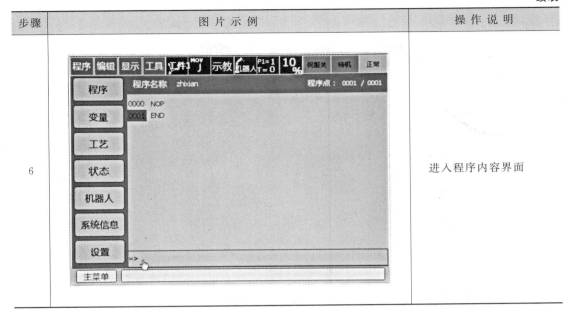	进入程序内容界面

8.2.2 程序修改

程序修改主要包括程序删除、程序复制、程序重命名等操作。

1. 程序删除

删除程序的具体步骤如表 8-2 所示。

表 8-2 程序删除

步骤	图 片 示 例	操 作 说 明
1	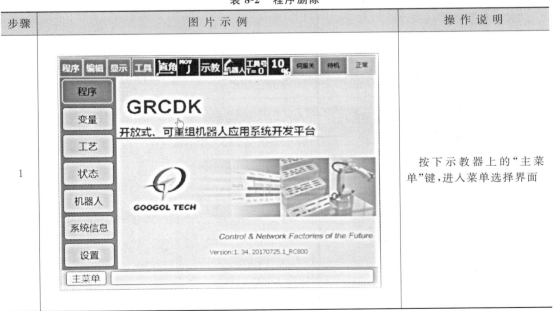	按下示教器上的"主菜单"键,进入菜单选择界面

步骤	图片示例	操作说明
2	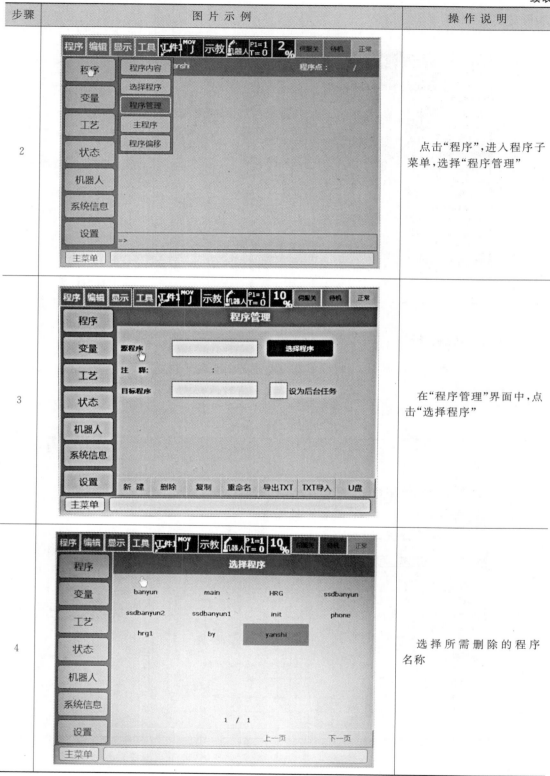	点击"程序",进入程序子菜单,选择"程序管理"
3		在"程序管理"界面中,点击"选择程序"
4		选择所需删除的程序名称

续表

步骤	图 片 示 例	操 作 说 明
5	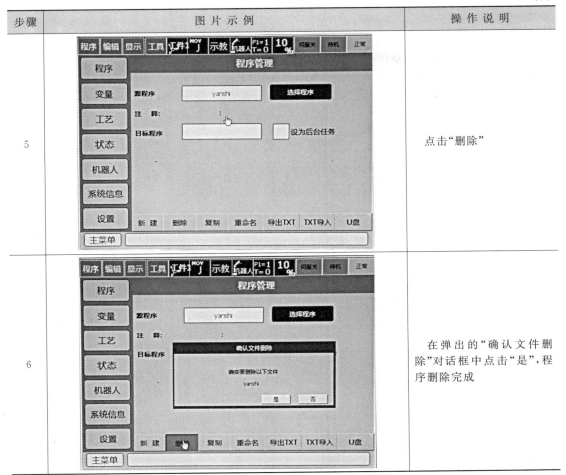	点击"删除"
6		在弹出的"确认文件删除"对话框中点击"是",程序删除完成

2. 程序复制

复制程序的具体步骤如表 8-3 所示。

表 8-3　程序复制

步骤	图 片 示 例	操 作 说 明
1		点击示教器上的"主菜单"键,进入菜单选择界面

步骤	图 片 示 例	操 作 说 明
2	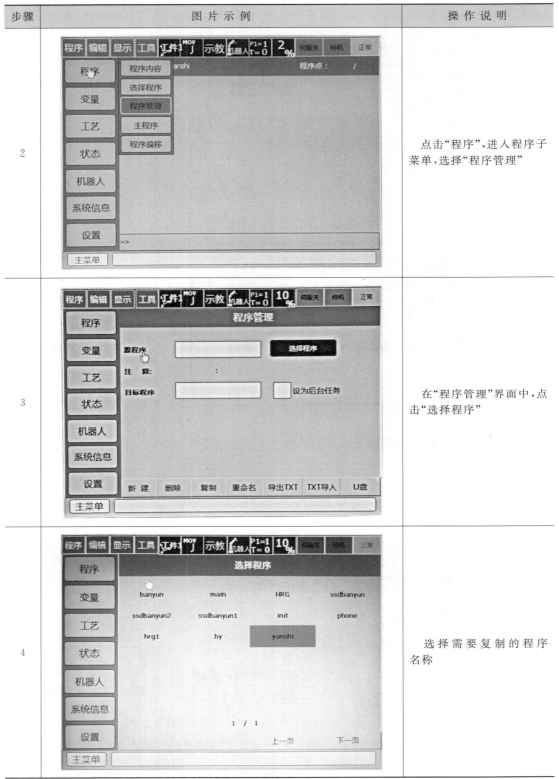	点击"程序",进入程序子菜单,选择"程序管理"
3		在"程序管理"界面中,点击"选择程序"
4		选择需要复制的程序名称

续表

步骤	图 片 示 例	操 作 说 明
5	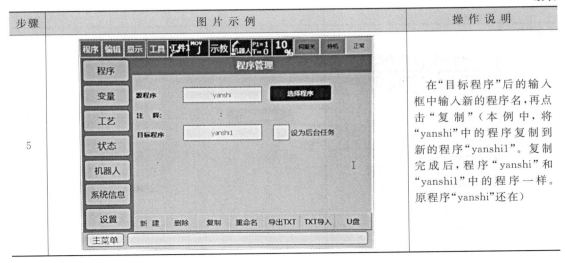	在"目标程序"后的输入框中输入新的程序名,再点击"复制"(本例中,将"yanshi"中的程序复制到新的程序"yanshi1"。复制完成后,程序"yanshi"和"yanshi1"中的程序一样。原程序"yanshi"还在)

3. 程序重命名

程序重命名的具体步骤如表 8-4 所示。

表 8-4　程序重命名

步骤	图 片 示 例	操 作 说 明
1	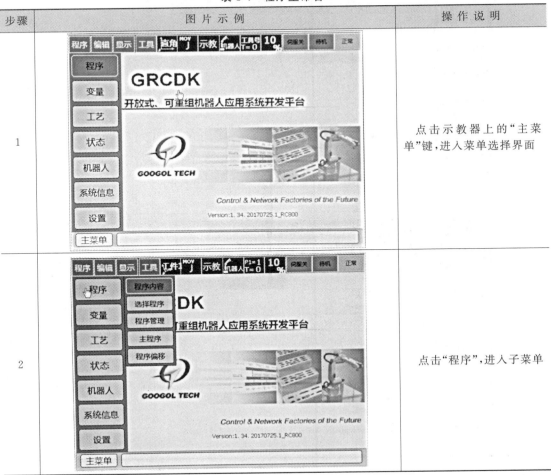	点击示教器上的"主菜单"键,进入菜单选择界面
2		点击"程序",进入子菜单

步骤	图 片 示 例	操 作 说 明
3	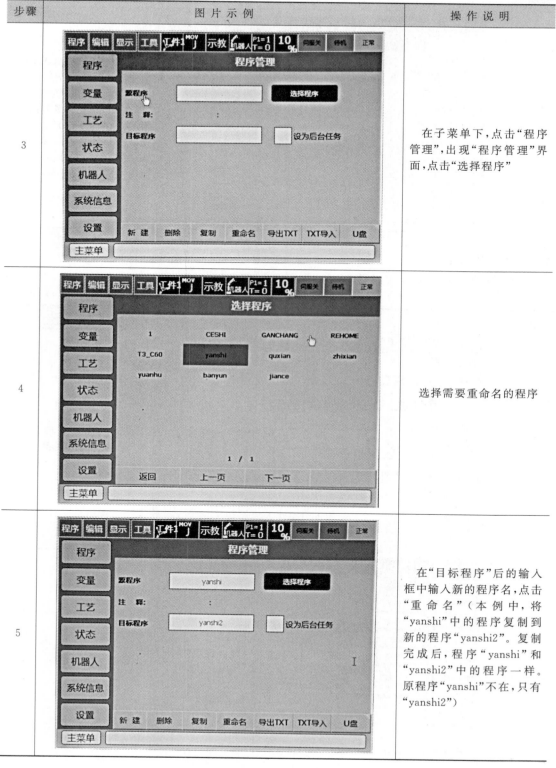	在子菜单下,点击"程序管理",出现"程序管理"界面,点击"选择程序"
4		选择需要重命名的程序
5		在"目标程序"后的输入框中输入新的程序名,点击"重命名"(本例中,将"yanshi"中的程序复制到新的程序"yanshi2"。复制完成后,程序"yanshi"和"yanshi2"中的程序一样。原程序"yanshi"不在,只有"yanshi2")

8.2.3 指令编辑

1.指令插入

插入一个移动指令的步骤如表 8-5 所示。

表 8-5 指令插入

步骤	图 片 示 例	操 作 说 明
1	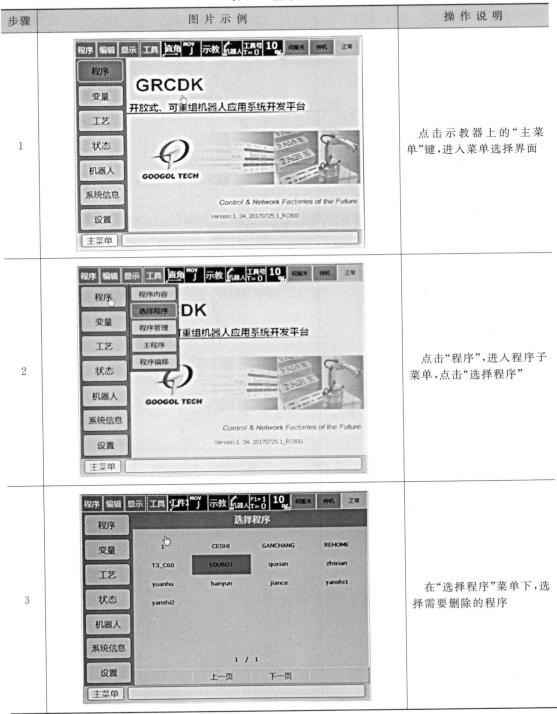	点击示教器上的"主菜单"键,进入菜单选择界面
2		点击"程序",进入程序子菜单,点击"选择程序"
3		在"选择程序"菜单下,选择需要删除的程序

续表

步骤	图 片 示 例	操 作 说 明
4	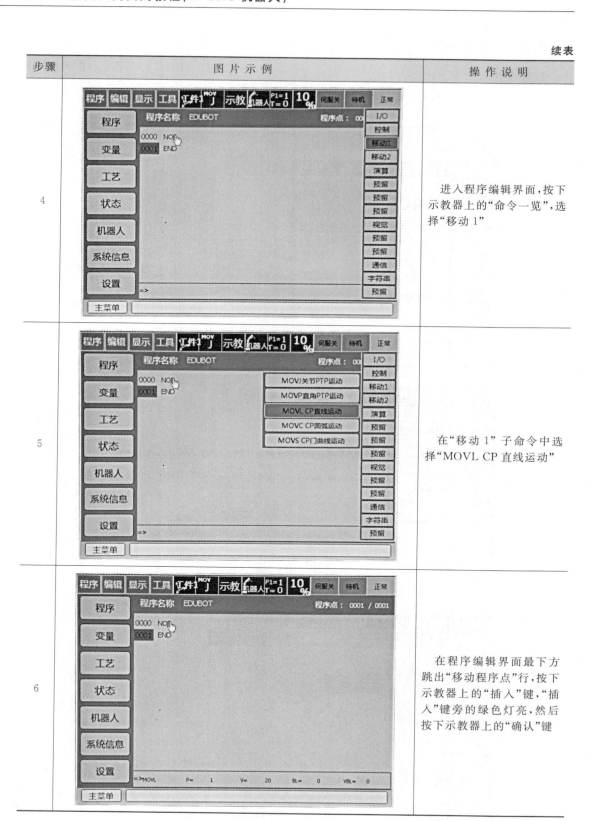	进入程序编辑界面,按下示教器上的"命令一览",选择"移动1"
5		在"移动1"子命令中选择"MOVL CP 直线运动"
6		在程序编辑界面最下方跳出"移动程序点"行,按下示教器上的"插入"键,"插入"键旁的绿色灯亮,然后按下示教器上的"确认"键

续表

步骤	图 片 示 例	操 作 说 明
7	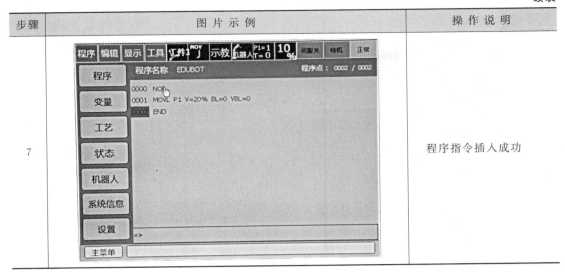	程序指令插入成功

2. I/O 指令插入

插入一个 I/O 指令步骤如表 8-6 所示。

表 8-6　I/O 指令插入

步骤	图 片 示 例	操 作 说 明
1	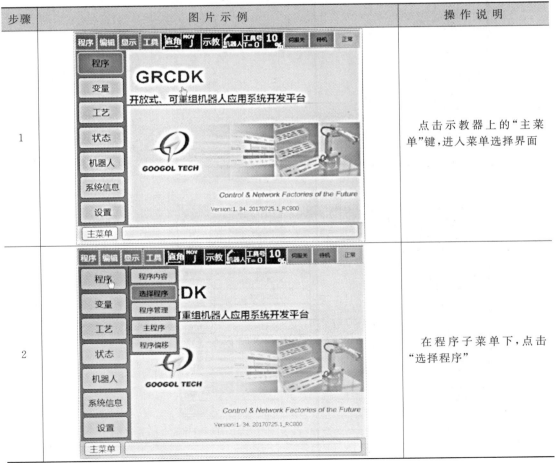	点击示教器上的"主菜单"键,进入菜单选择界面
2		在程序子菜单下,点击"选择程序"

步骤	图片示例	操作说明
3	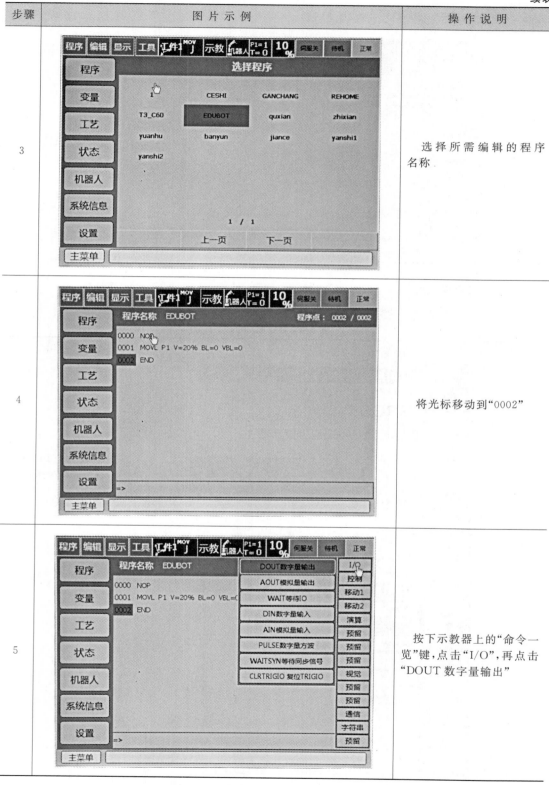	选择所需编辑的程序名称
4		将光标移动到"0002"
5		按下示教器上的"命令一览"键,点击"I/O",再点击"DOUT 数字量输出"

步骤	图 片 示 例	操 作 说 明
6	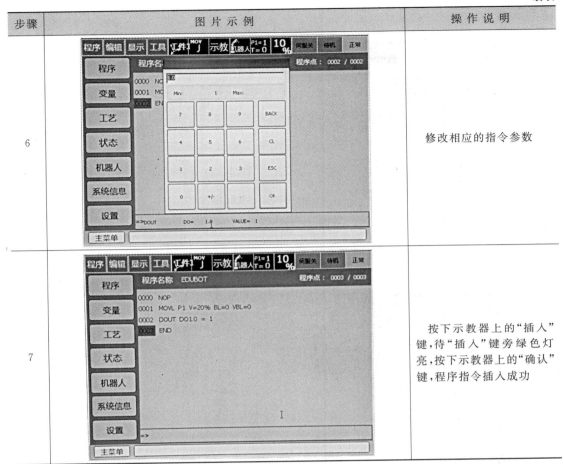	修改相应的指令参数
7		按下示教器上的"插入"键,待"插入"键旁绿色灯亮,按下示教器上的"确认"键,程序指令插入成功

3. 控制指令插入

插入一个控制指令步骤见表 8-7。

表 8-7　控制指令插入

步骤	图 片 示 例	操 作 说 明
1		点击示教器上的"主菜单"键,进入菜单选择界面

步骤	图 片 示 例	操 作 说 明
2	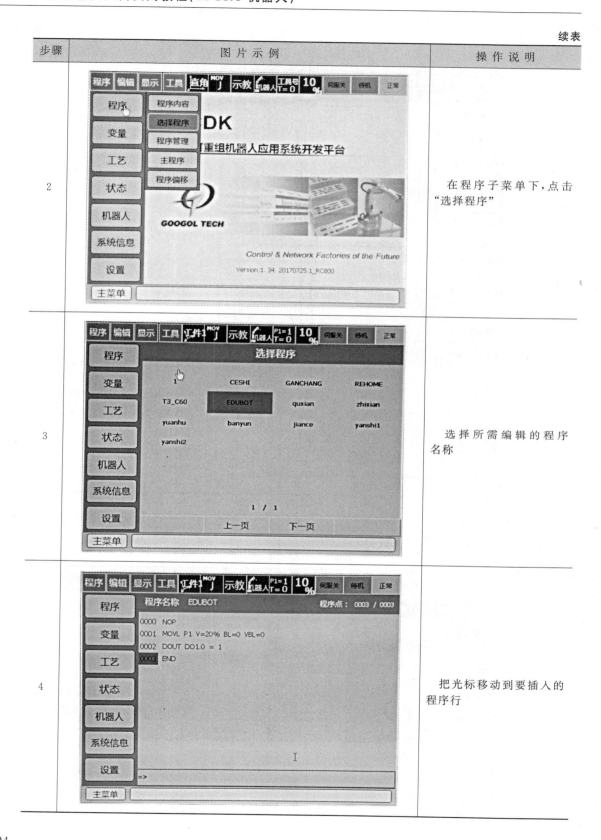	在程序子菜单下，点击"选择程序"
3		选择所需编辑的程序名称
4		把光标移动到要插入的程序行

续表

步骤	图 片 示 例	操 作 说 明
5	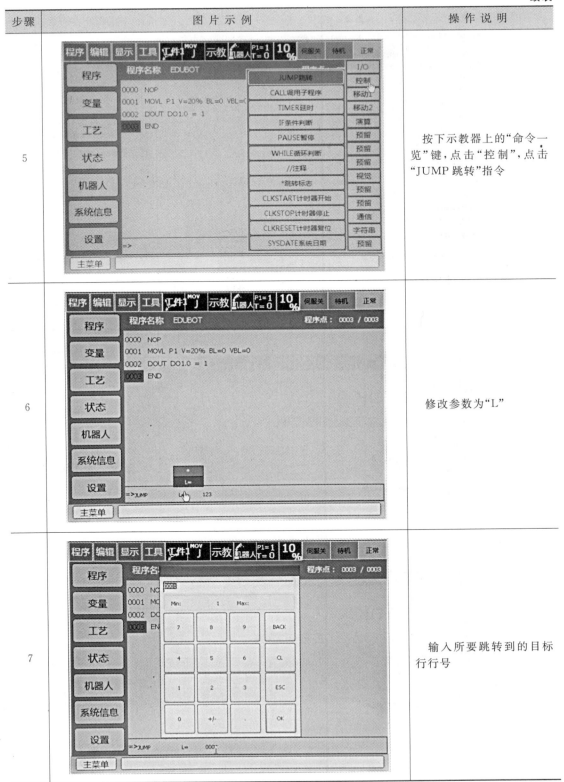	按下示教器上的"命令一览"键，点击"控制"，点击"JUMP 跳转"指令
6		修改参数为"L"
7		输入所要跳转到的目标行行号

续表

步骤	图 片 示 例	操作说明
8	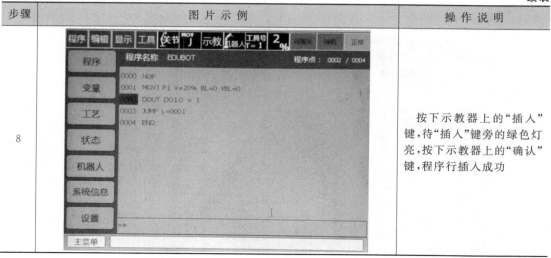	按下示教器上的"插入"键,待"插入"键旁的绿色灯亮,按下示教器上的"确认"键,程序行插入成功

4. 坐标系选择指令插入

插入一个坐标系选择指令的步骤如表 8-8 所示。

表 8-8　坐标系选择指令插入

步骤	图 片 示 例	操作说明
1	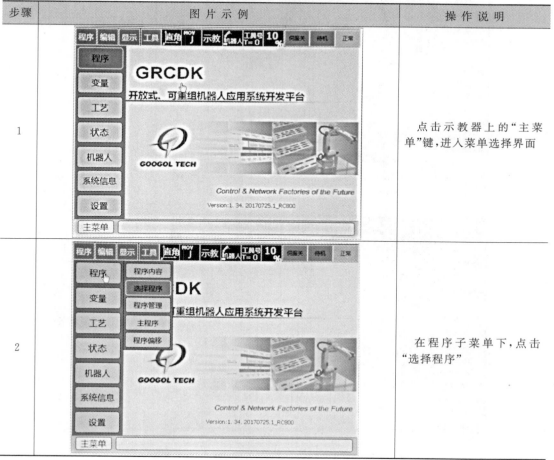	点击示教器上的"主菜单"键,进入菜单选择界面
2		在程序子菜单下,点击"选择程序"

续表

步骤	图片示例	操作说明
3	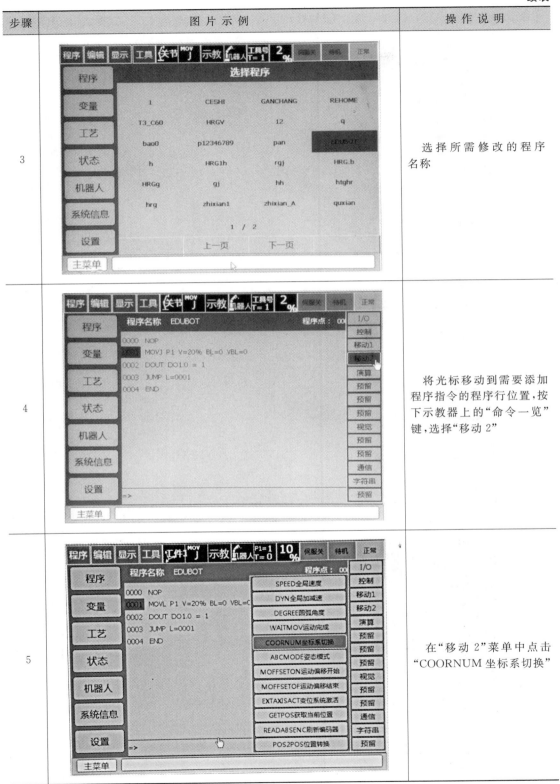	选择所需修改的程序名称
4		将光标移动到需要添加程序指令的程序行位置,按下示教器上的"命令一览"键,选择"移动 2"
5		在"移动 2"菜单中点击"COORNUM 坐标系切换"

续表

步骤	图 片 示 例	操 作 说 明
6		修改坐标系切换指令的参数
7		按下示教器上的"插入"键，待"插入"键旁的绿色灯亮，按下示教器上的"确认"键
8		程序行插入成功

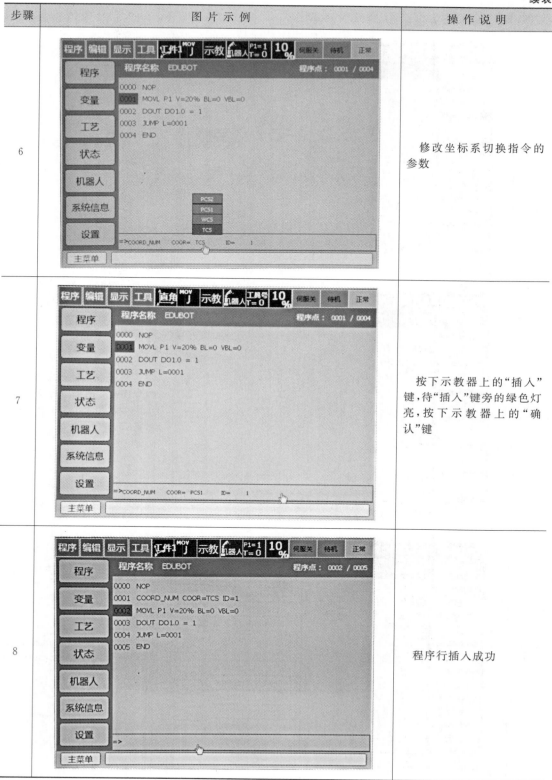

5. 编辑指令

编辑指令的具体步骤如表 8-9 所示。

表 8-9 编辑指令

步骤	图 片 示 例	操 作 说 明
1	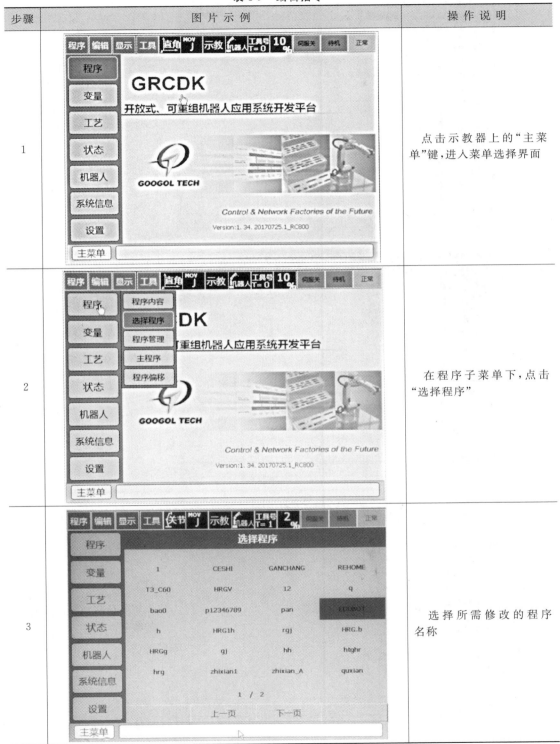	点击示教器上的"主菜单"键,进入菜单选择界面
2		在程序子菜单下,点击"选择程序"
3		选择所需修改的程序名称

步骤	图 片 示 例	操作说明
4	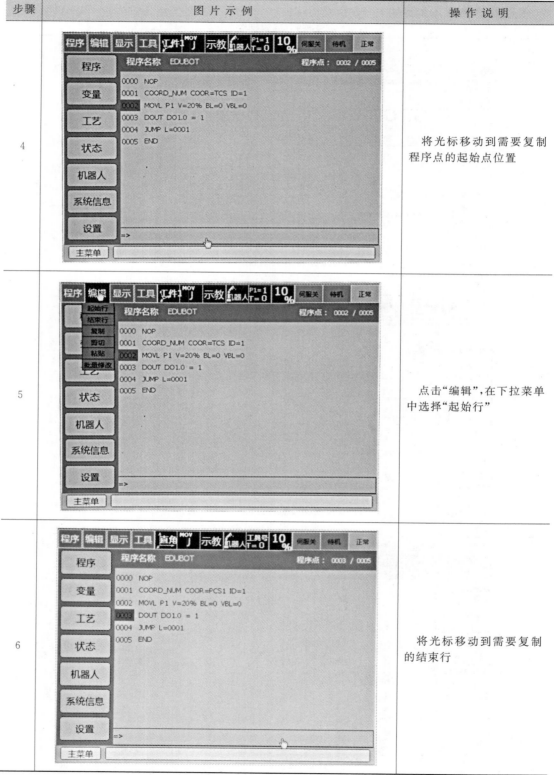	将光标移动到需要复制程序点的起始点位置
5		点击"编辑"，在下拉菜单中选择"起始行"
6		将光标移动到需要复制的结束行

续表

步骤	图 片 示 例	操 作 说 明
7	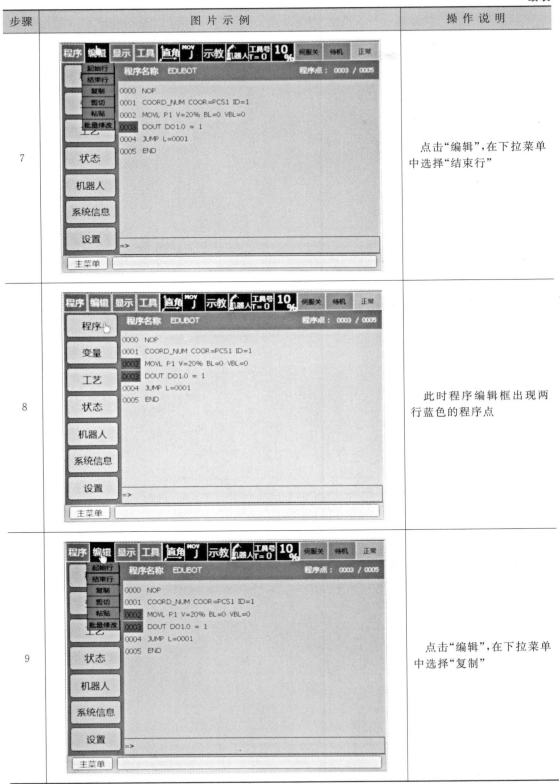	点击"编辑",在下拉菜单中选择"结束行"
8		此时程序编辑框出现两行蓝色的程序点
9		点击"编辑",在下拉菜单中选择"复制"

续表

步骤	图 片 示 例	操 作 说 明
10		将光标移动到需要添加程序点的位置
11		点击"编辑",选择下拉菜单中的"粘贴"
12		复制完成

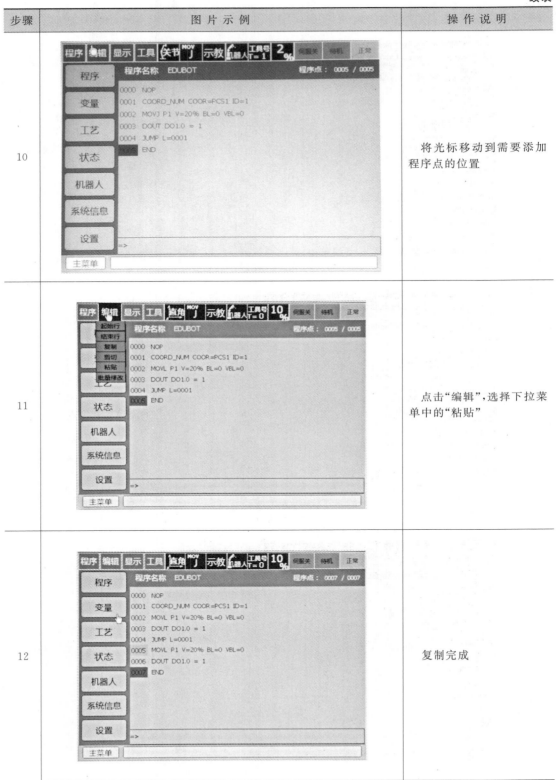

6. 指令删除

指令删除的具体操作如表 8-10 所示。

表 8-10　指令删除

步骤	图 片 示 例	操 作 说 明
1	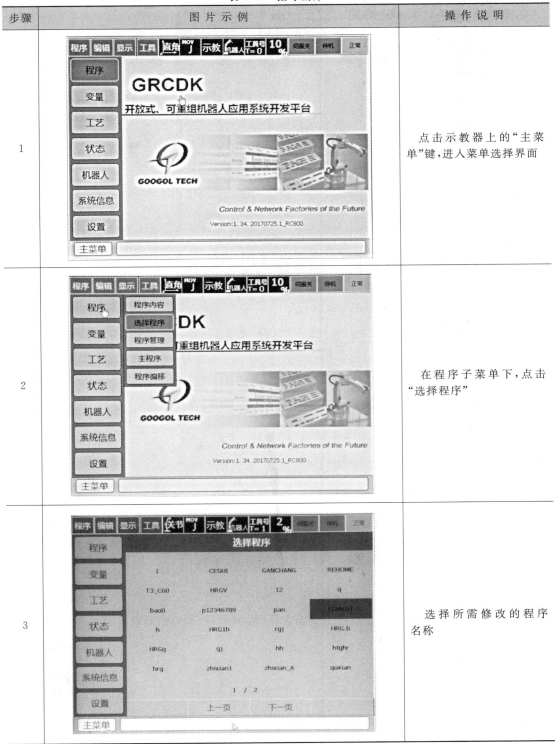	点击示教器上的"主菜单"键,进入菜单选择界面
2		在程序子菜单下,点击"选择程序"
3		选择所需修改的程序名称

步骤	图 片 示 例	操 作 说 明
4	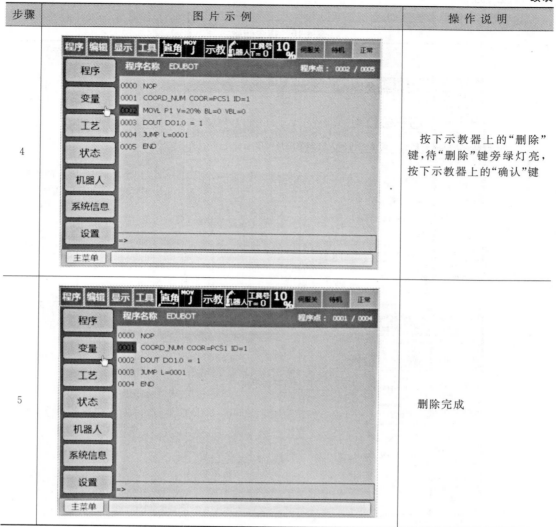	按下示教器上的"删除"键,待"删除"键旁绿灯亮,按下示教器上的"确认"键
5		删除完成

8.3　程序的回放调试

通过程序的自动运转,由外部设备 I/O 输入自动启动程序信号,由此来使生产线自动运转。

1. 条件

(1) 程序设定已经完成。

(2) 机器人处在遥控状态。

(3) 机器人处在动作允许状态。

(4) 作业空间内没有人,没有障碍物。

回放前建议把机器人运动到零位(长按"上挡"+"9"键)。

2. 步骤

（1）进入"程序"菜单，在子菜单下点击"选择程序"，选择要示教的程序，进入程序内容界面。

（2）将示教器的模式旋钮设定为回放模式。检查程序左上角状态显示图标为"自动"。

（3）按下示教器上"伺服使能"键，接通伺服电源。

（4）按下示教器上的"启动"键，机器人把示教过的程序运行一遍后停止。

（5）参照程序指令规范，通过 SPEED 指令修改回放的整体速度（在示教模式下修改）。

思考题

（1）EFORT 机器人程序由哪些部分组成？

（2）如何创建机器人运行程序？

（3）如何示教已完成的程序？

（4）如何插入程序点？

（5）如何复制程序点？

第9章 编程实例

本章以 HRG-HD1XKA 型工业机器人技能考核实训台(专业版)(见图 9-1(a))来学习基本编程与操作(本内容同样适用于 HRG-HD1XKB 型工业机器人技能考核实训台(标准版)(见图 9-1(b))),模拟工业生产基本应用。本实训台含有基础模块、激光雕刻模块、工件焊接模块、搬运模块、异步输送带模块。

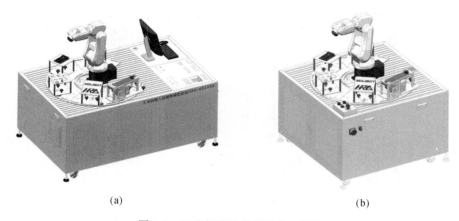

(a)   (b)

图 9-1　工业机器人技能考核实训台

(a) HRG-HD1XKA 型工业机器人技能考核实训台(专业版)

(b) HRG-HD1XKB 型工业机器人技能考核实训台(标准版)

本章编程实例以基础模块、搬运模块、异步输送带模块为例,具体学习机器人做直线运动、圆弧运动、曲线运动、物料搬运、异步输送带物料检测的编程技巧,各模块如图 9-2 所示。

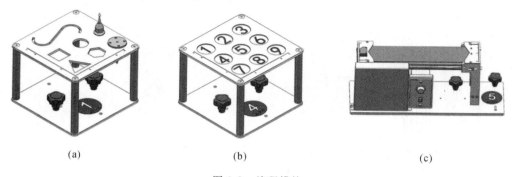

(a)   (b)   (c)

图 9-2　编程模块

(a) 基础模块　(b) 搬运模块　(c) 输送带搬运模块

9.1　直线运动实例

本实例使用基础模块，以模块中三角形为例，演示 EFORT 六轴机器人 的直线运动。

路径规划：初始点 P1→过渡点 P2→第一点 P3→第二点 P4→第三点 P5→第一点 P3，如图 9-3 所示。

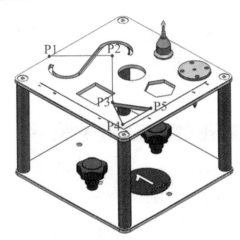

图 9-3　直线运动路径规划

编程前需完成的步骤：

（1）安装基础教学模块；

（2）将工具安装在机器人法兰盘末端；

（3）将示教器上模式旋钮切换至"示教模式"。

具体步骤如表 9-1 所示。

表 9-1　直线运动实例步骤

步骤	图 片 示 例	操 作 说 明
1		利用"六点法"建立工具坐标系 1（"1"为坐标系编号，操作步骤详见 5.1.2 节）

步骤	图 片 示 例	操 作 说 明
2	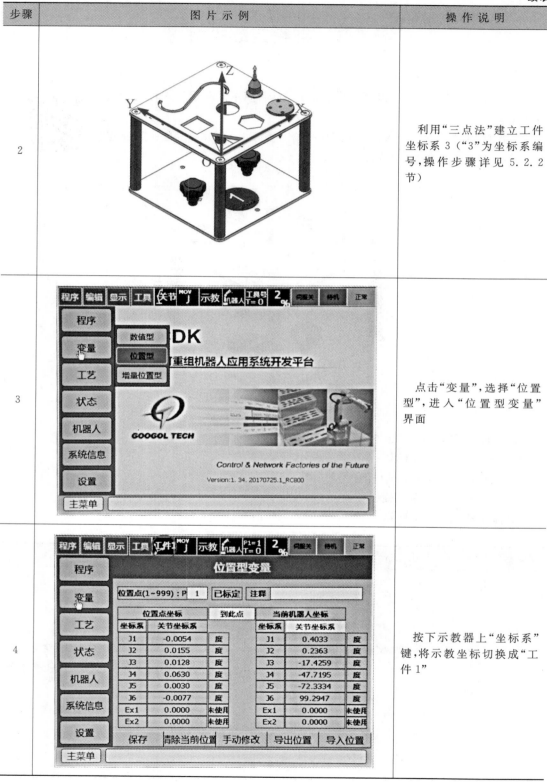	利用"三点法"建立工件坐标系 3("3"为坐标系编号,操作步骤详见 5.2.2 节)
3		点击"变量",选择"位置型",进入"位置型变量"界面
4		按下示教器上"坐标系"键,将示教坐标切换成"工件 1"

续表

步骤	图 片 示 例	操 作 说 明
5	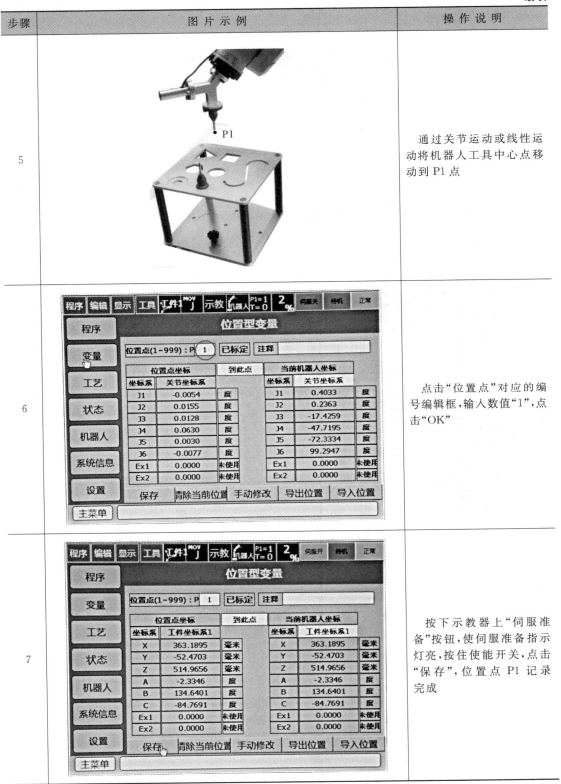	通过关节运动或线性运动将机器人工具中心点移动到 P1 点
6		点击"位置点"对应的编号编辑框,输入数值"1",点击"OK"
7		按下示教器上"伺服准备"按钮,使伺服准备指示灯亮,按住使能开关,点击"保存",位置点 P1 记录完成

续表

步骤	图片示例	操作说明
8	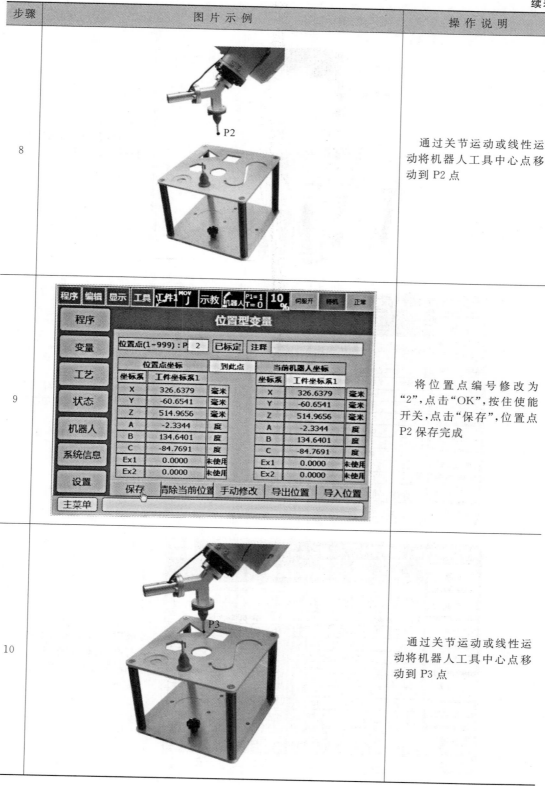	通过关节运动或线性运动将机器人工具中心点移动到 P2 点
9		将位置点编号修改为"2",点击"OK",按住使能开关,点击"保存",位置点 P2 保存完成
10		通过关节运动或线性运动将机器人工具中心点移动到 P3 点

续表

步骤	图 片 示 例	操 作 说 明
11	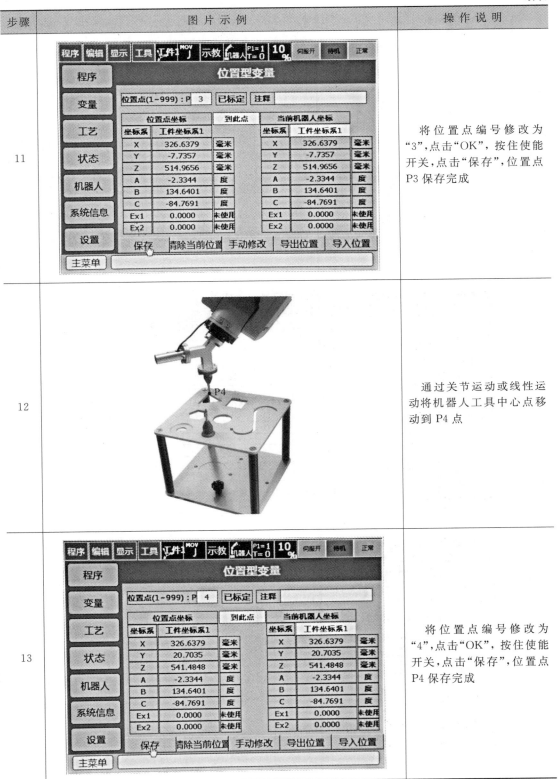	将位置点编号修改为"3",点击"OK",按住使能开关,点击"保存",位置点P3 保存完成
12		通过关节运动或线性运动将机器人工具中心点移动到 P4 点
13		将位置点编号修改为"4",点击"OK",按住使能开关,点击"保存",位置点P4 保存完成

续表

步骤	图片示例	操作说明
14	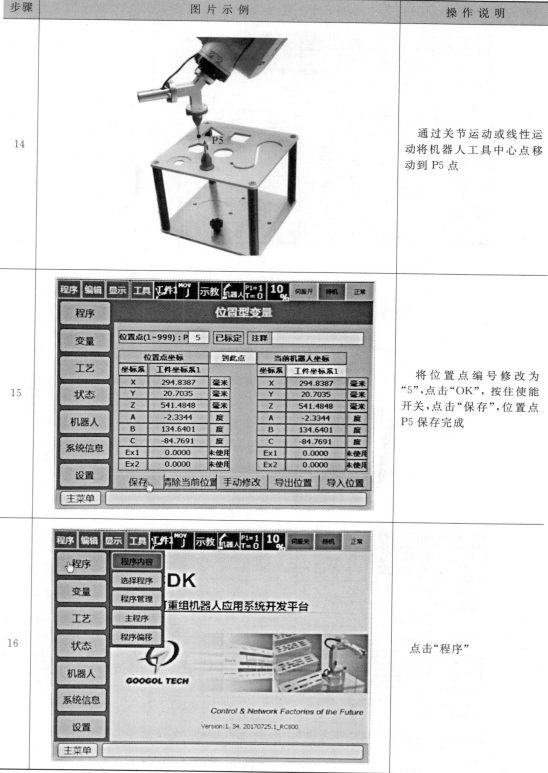	通过关节运动或线性运动将机器人工具中心点移动到 P5 点
15		将位置点编号修改为"5",点击"OK",按住使能开关,点击"保存",位置点 P5 保存完成
16		点击"程序"

步骤	图 片 示 例	操 作 说 明
17	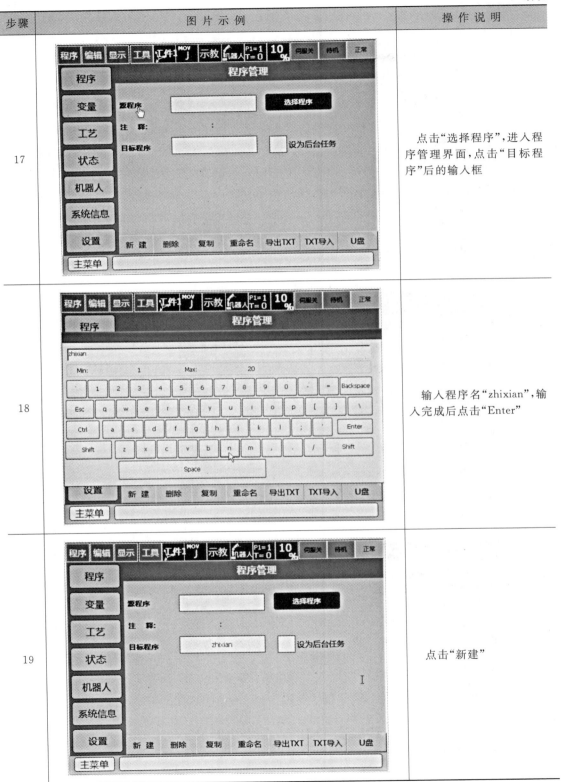	点击"选择程序",进入程序管理界面,点击"目标程序"后的输入框
18		输入程序名"zhixian",输入完成后点击"Enter"
19		点击"新建"

续表

步骤	图 片 示 例	操 作 说 明
20	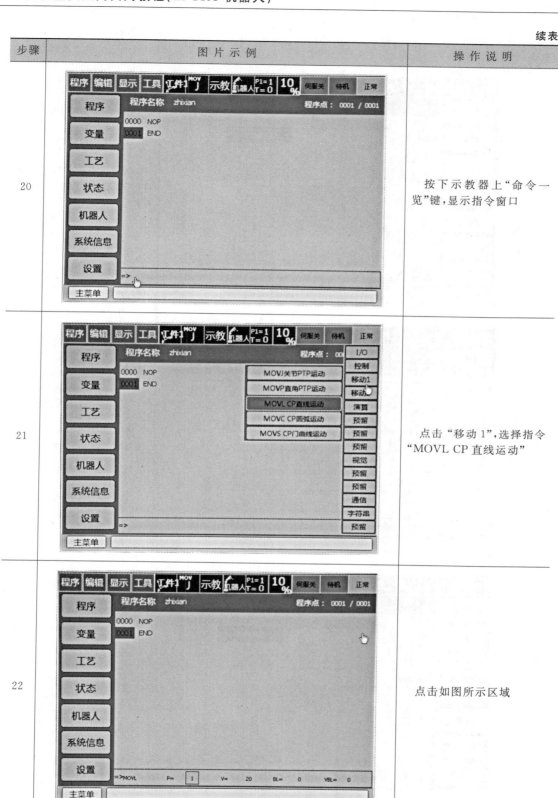	按下示教器上"命令一览"键,显示指令窗口
21		点击"移动1",选择指令"MOVL CP 直线运动"
22		点击如图所示区域

续表

步骤	图片示例	操作说明
23	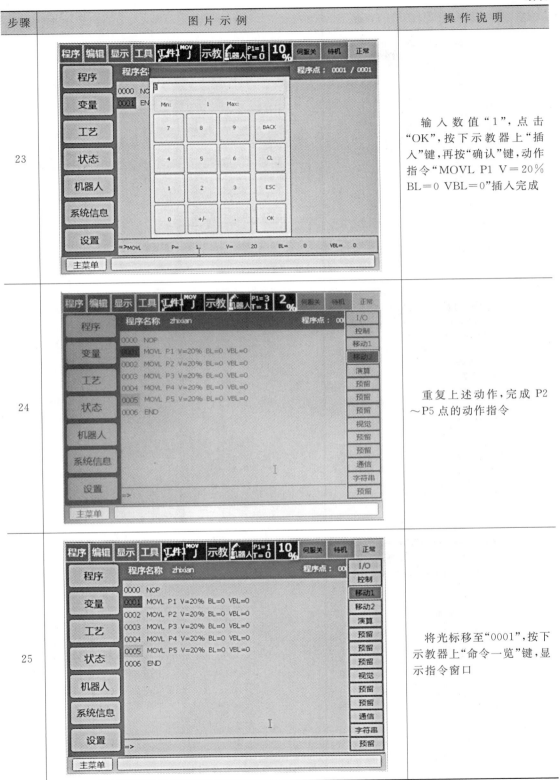	输入数值"1",点击"OK",按下示教器上"插入"键,再按"确认"键,动作指令"MOVL P1 V＝20％ BL＝0 VBL＝0"插入完成
24		重复上述动作,完成 P2～P5 点的动作指令
25		将光标移至"0001",按下示教器上"命令一览"键,显示指令窗口

续表

步骤	图 片 示 例	操作说明
26		点击"移动 2",选择"COORNUM 坐标系切换"
27		点击如图所示区域,选择"TCS"
28		按下示教器上"插入"键,再按"确认"键,工具坐标系选择指令"COORD_NUM COOR=TCS ID=1"插入完成

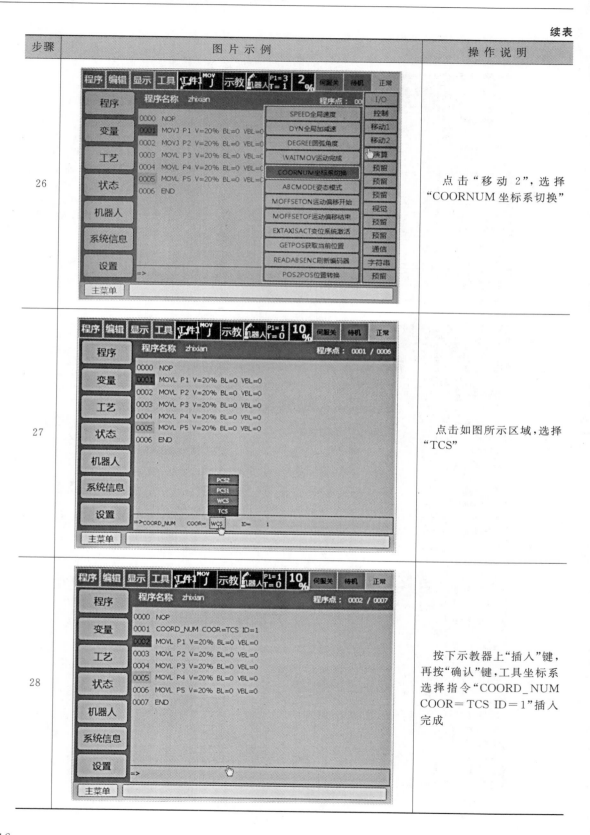

续表

步骤	图 片 示 例	操 作 说 明
29	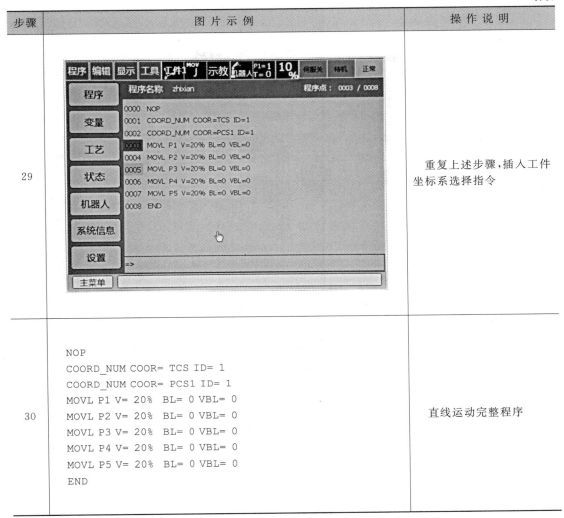	重复上述步骤,插入工件坐标系选择指令
30	``` NOP COORD_NUM COOR= TCS ID= 1 COORD_NUM COOR= PCS1 ID= 1 MOVL P1 V= 20% BL= 0 VBL= 0 MOVL P2 V= 20% BL= 0 VBL= 0 MOVL P3 V= 20% BL= 0 VBL= 0 MOVL P4 V= 20% BL= 0 VBL= 0 MOVL P5 V= 20% BL= 0 VBL= 0 END ```	直线运动完整程序

9.2　圆弧运动实例

　　本实例使用基础模块,以模块中的圆形为例,演示 EFORT 六轴机器人的圆弧运动。

　　路径规划:初始点 P11→过渡点 P12→第一点 P13→第二点 P14→第三点 P15→第四点 P16,如图 9-4 所示。

图 9-4　基础模块圆弧运动路径规划

编程前需完成的步骤：

（1）安装基础教学模块；

（2）将工具安装在机器人法兰盘末端；

（3）将示教器上模式旋钮切换至"示教模式"。

具体步骤如表 9-2 所示。

表 9-2　圆弧运动实例步骤

步骤	图 片 示 例	操 作 说 明
1		利用"六点法"建立工具坐标系 1（"1"为坐标系编号，操作步骤详见 5.1.2 节）。如工具坐标系已创建完成，则无需再次创建

步骤	图片示例	操作说明
2		利用"三点法"建立工件坐标系 1（"1"为坐标系编号，操作步骤详见 5.2.2 节）。如工件坐标系已创建完成，则无需再次创建
3		点击"变量"，选择"位置型"，进入"位置型变量"界面
4		按下示教器上"坐标系"键，将示教坐标切换成"工件 1"

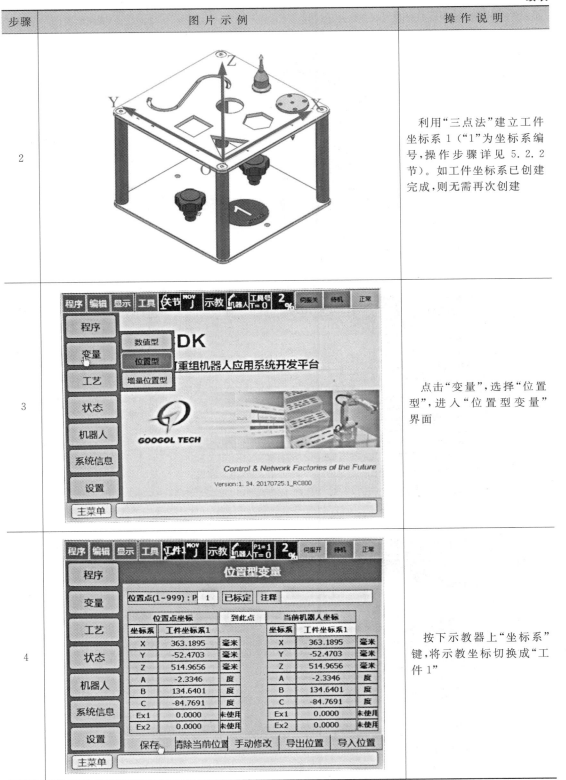

续表

步骤	图 片 示 例	操 作 说 明
5	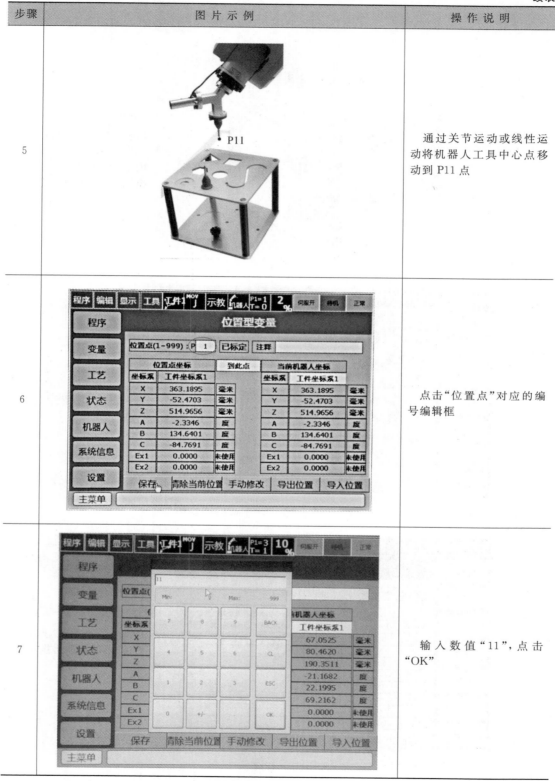	通过关节运动或线性运动将机器人工具中心点移动到 P11 点
6		点击"位置点"对应的编号编辑框
7		输入数值"11",点击"OK"

续表

步骤	图片示例	操作说明
8	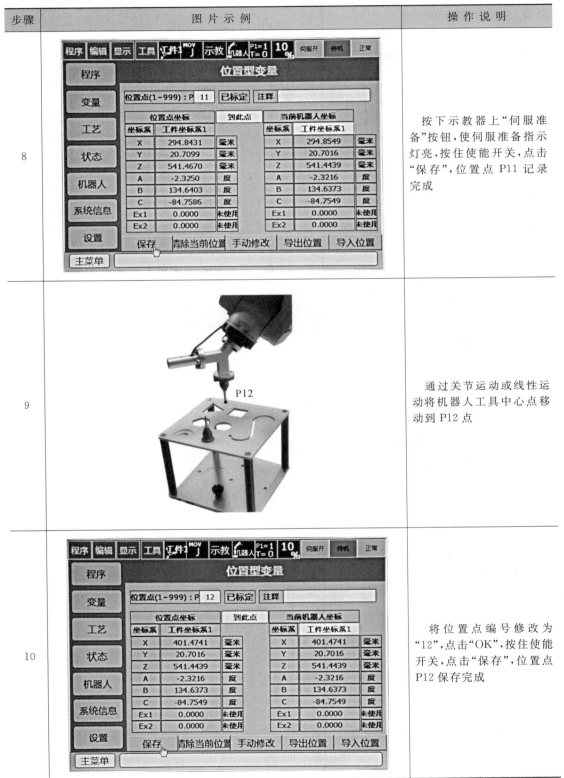	按下示教器上"伺服准备"按钮,使伺服准备指示灯亮,按住使能开关,点击"保存",位置点 P11 记录完成
9		通过关节运动或线性运动将机器人工具中心点移动到 P12 点
10		将位置点编号修改为"12",点击"OK",按住使能开关,点击"保存",位置点 P12 保存完成

步骤	图片示例	操作说明
11		通过关节运动或线性运动将机器人工具中心点移动到 P13 点
12		将位置点编号修改为"13",点击"OK",按住使能开关,点击"保存",位置点 P13 保存完成
13		通过关节运动或线性运动将机器人工具中心点移动到 P14 点

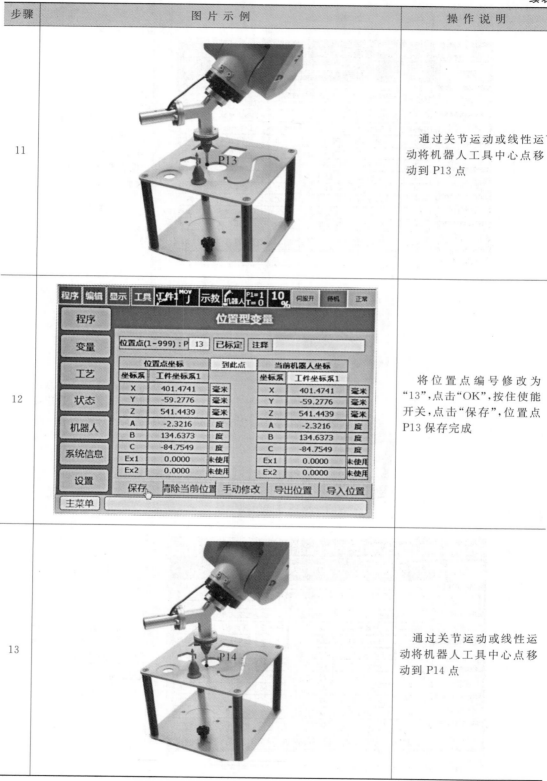

步骤	图 片 示 例	操 作 步 骤
14	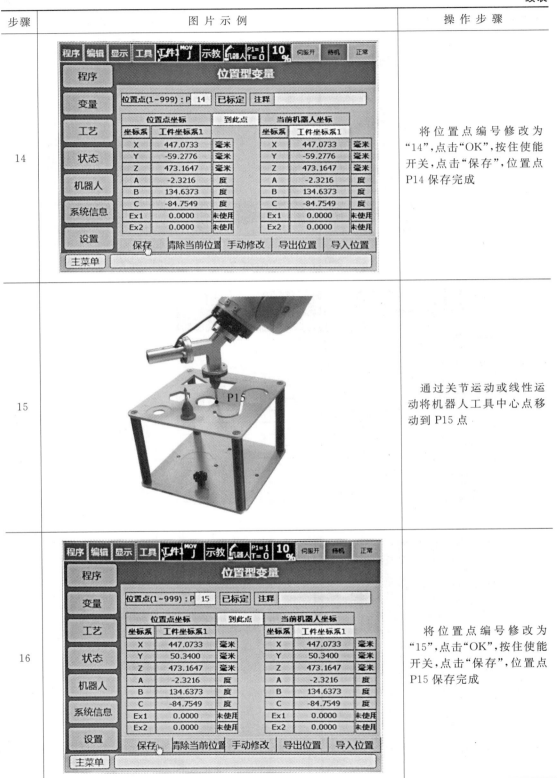	将位置点编号修改为"14",点击"OK",按住使能开关,点击"保存",位置点P14 保存完成
15		通过关节运动或线性运动将机器人工具中心点移动到 P15 点
16		将位置点编号修改为"15",点击"OK",按住使能开关,点击"保存",位置点P15 保存完成

步骤	图 片 示 例	操 作 步 骤
17	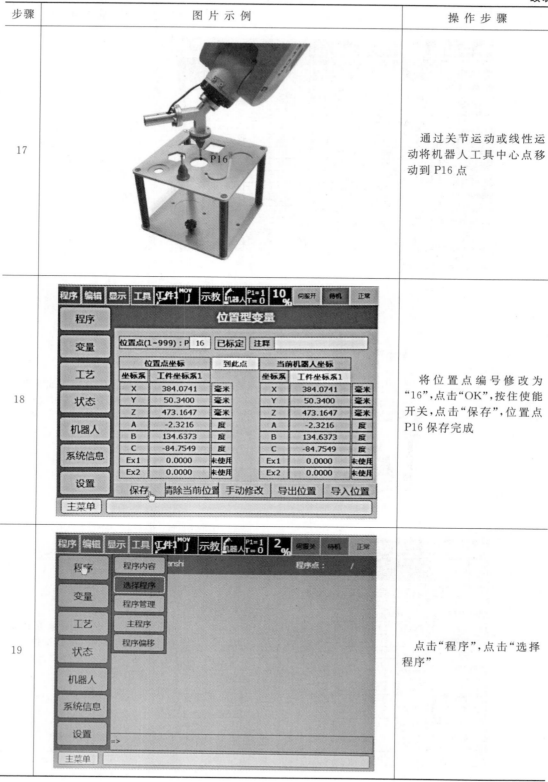	通过关节运动或线性运动将机器人工具中心点移动到 P16 点
18		将位置点编号修改为"16",点击"OK",按住使能开关,点击"保存",位置点 P16 保存完成
19		点击"程序",点击"选择程序"

步骤	图 片 示 例	操 作 说 明
20	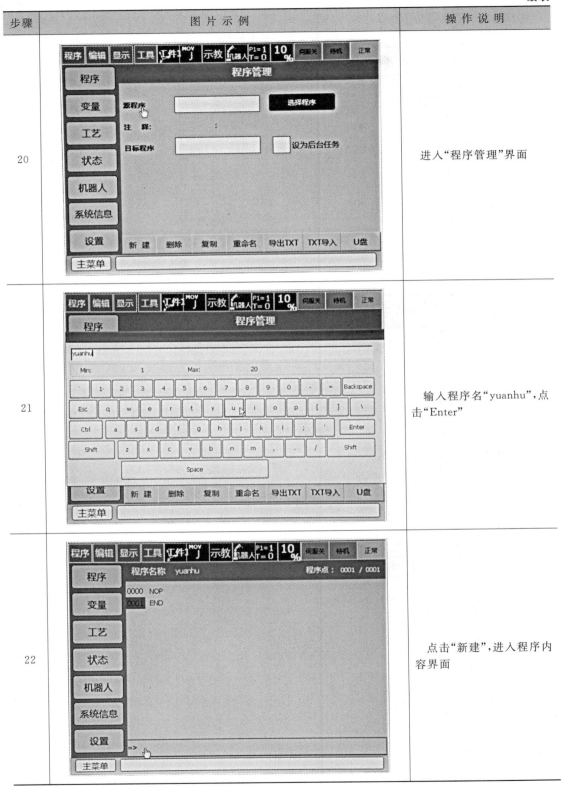	进入"程序管理"界面
21		输入程序名"yuanhu",点击"Enter"
22		点击"新建",进入程序内容界面

续表

步骤	图片示例	操作说明
23	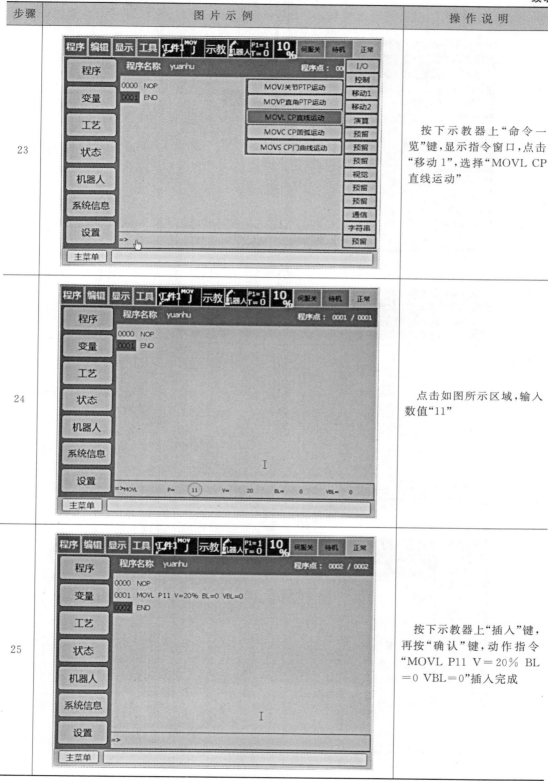	按下示教器上"命令一览"键,显示指令窗口,点击"移动 1",选择"MOVL CP 直线运动"
24		点击如图所示区域,输入数值"11"
25		按下示教器上"插入"键,再按"确认"键,动作指令"MOVL P11 V=20% BL=0 VBL=0"插入完成

续表

步骤	图 片 示 例	操 作 说 明
26	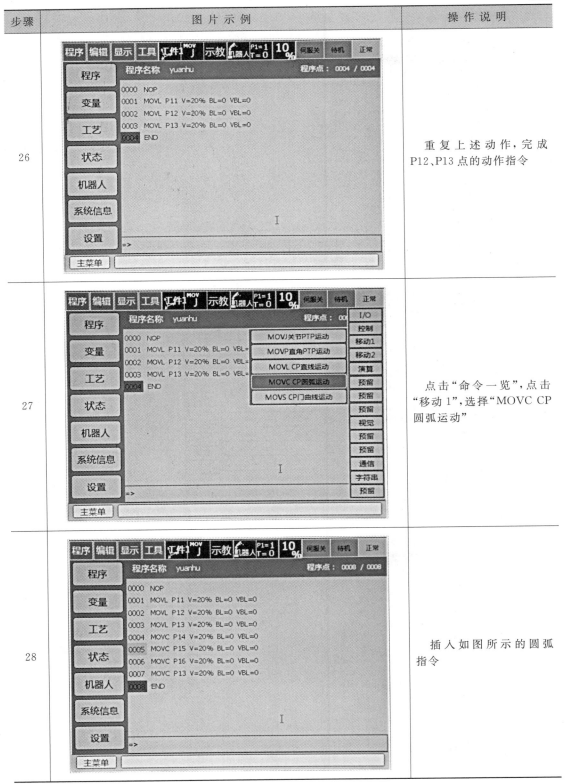	重复上述动作，完成 P12、P13 点的动作指令
27		点击"命令一览"，点击 "移动 1"，选择"MOVC CP 圆弧运动"
28		插入如图所示的圆弧指令

步骤	图 片 示 例	操 作 说 明
29	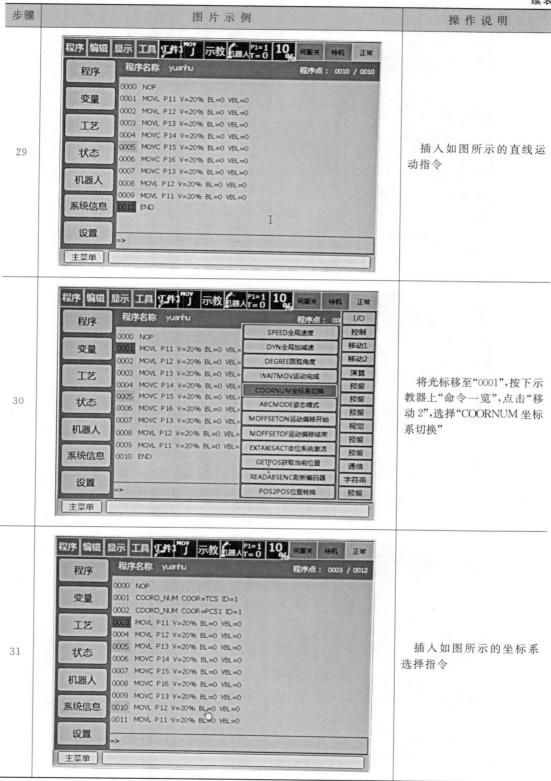	插入如图所示的直线运动指令
30		将光标移至"0001",按下示教器上"命令一览",点击"移动2",选择"COORNUM 坐标系切换"
31		插入如图所示的坐标系选择指令

续表

步骤	图 片 示 例	操 作 说 明
32	NOP COORD_NUM COOR= TCS ID= 1 COORD_NUM COOR= PCS1 ID= 1 MOVL P11 V= 20%　BL= 0 VBL= 0 MOVL P12 V= 20%　BL= 0 VBL= 0 MOVL P13 V= 20%　BL= 0 VBL= 0 MOVC P14 V= 20%　BL= 0 VBL= 0 MOVC P15 V= 20%　BL= 0 VBL= 0 MOVC P16 V= 20%　BL= 0 VBL= 0 MOVC P13 V= 20%　BL= 0 VBL= 0 MOVL P12 V= 20%　BL= 0 VBL= 0 MOVL P11 V= 20%　BL= 0 VBL= 0 END	圆弧运动完整程序

9.3　曲线运动实例

曲线可以看作是由 N 段小圆弧或直线组成的,所以可以用 N 个圆弧指令或直线指令完成曲线运动,下面为大家介绍曲线运动实例,该实例的曲线路径由两段圆弧和一条直线构成。

路径规划:初始点 P21→过渡点 P22→第一点 P23→第二点 P24→第三点 P25→第四点 P26→第五点 P27→第六点 P28→过渡点 P29,如图 9-5 所示。

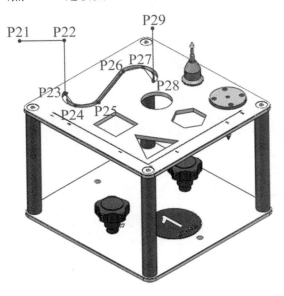

图 9-5　基础模块曲线运动路径规划

编程前需完成的步骤:

(1)安装基础教学模块;

（2）将工具安装在机器人法兰盘末端；

（3）将示教器上模式旋钮切换至"示教模式"。

曲线运动实例步骤如表 9-3 所示。

表 9-3　曲线运动实例步骤

步骤	图片示例	操作说明
1	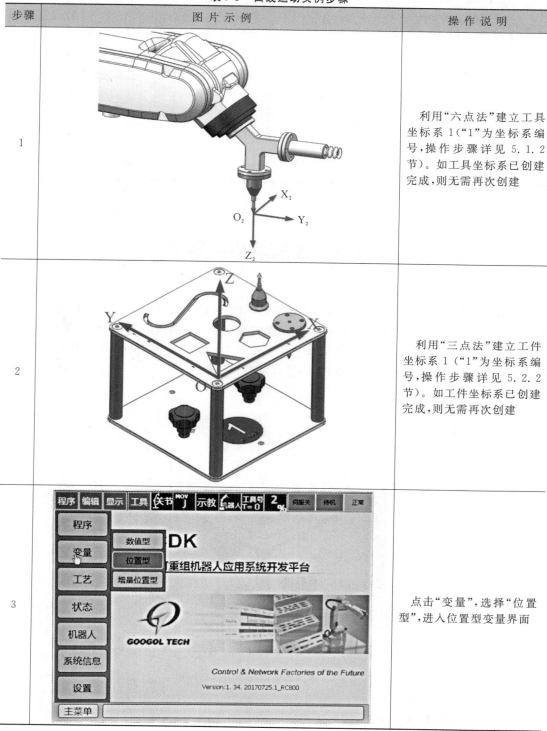	利用"六点法"建立工具坐标系 1（"1"为坐标系编号，操作步骤详见 5.1.2 节）。如工具坐标系已创建完成，则无需再次创建
2		利用"三点法"建立工件坐标系 1（"1"为坐标系编号，操作步骤详见 5.2.2 节）。如工件坐标系已创建完成，则无需再次创建
3		点击"变量"，选择"位置型"，进入位置型变量界面

步骤	图 片 示 例	操 作 说 明
4	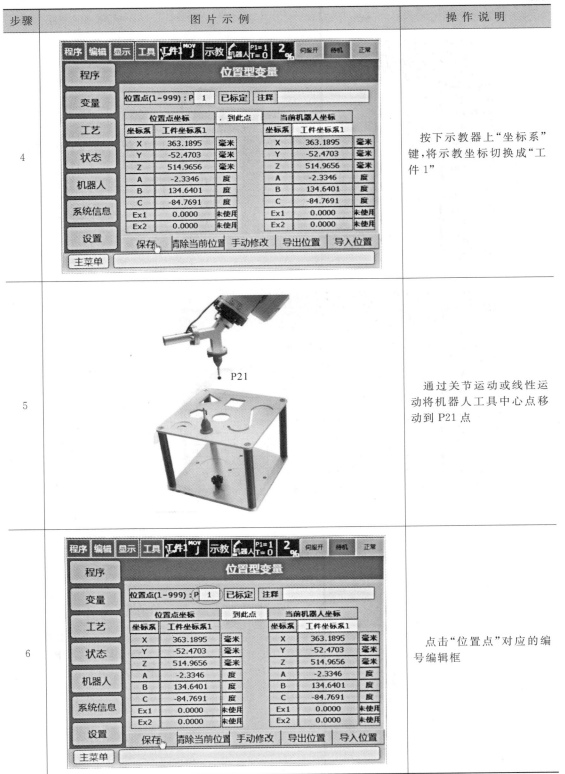	按下示教器上"坐标系"键,将示教坐标切换成"工件1"
5		通过关节运动或线性运动将机器人工具中心点移动到 P21 点
6		点击"位置点"对应的编号编辑框

步骤	图 片 示 例	操 作 说 明
7	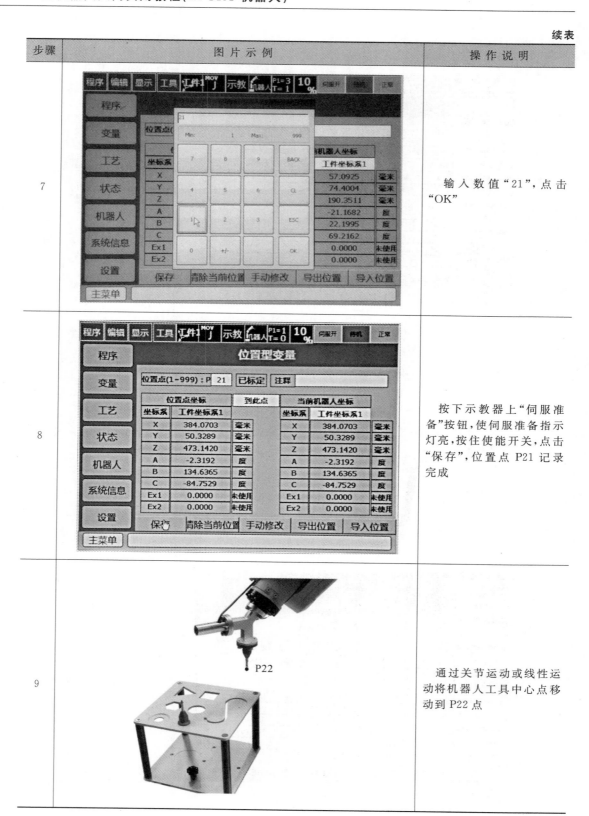	输入数值"21",点击"OK"
8		按下示教器上"伺服准备"按钮,使伺服准备指示灯亮,按住使能开关,点击"保存",位置点 P21 记录完成
9	P22	通过关节运动或线性运动将机器人工具中心点移动到 P22 点

步骤	图 片 示 例	操 作 说 明
10	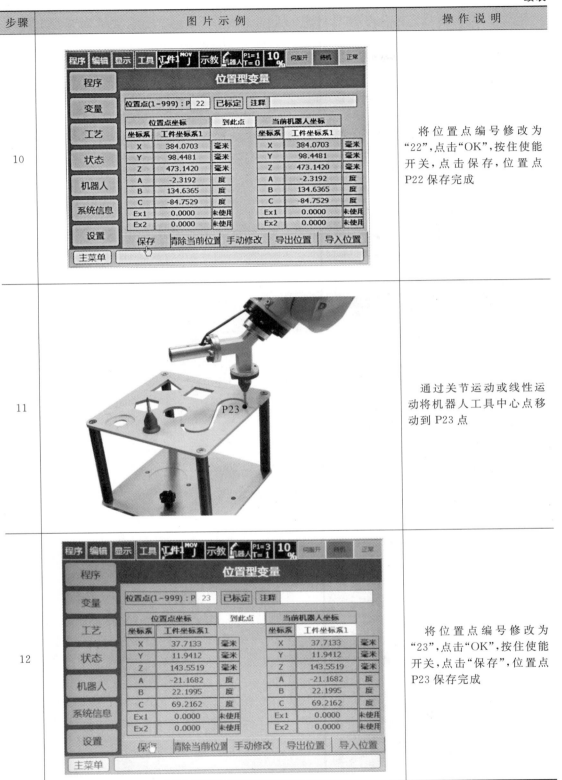	将位置点编号修改为"22",点击"OK",按住使能开关,点击保存,位置点P22 保存完成
11		通过关节运动或线性运动将机器人工具中心点移动到 P23 点
12		将位置点编号修改为"23",点击"OK",按住使能开关,点击"保存",位置点P23 保存完成

步骤	图 片 示 例	操 作 说 明
13	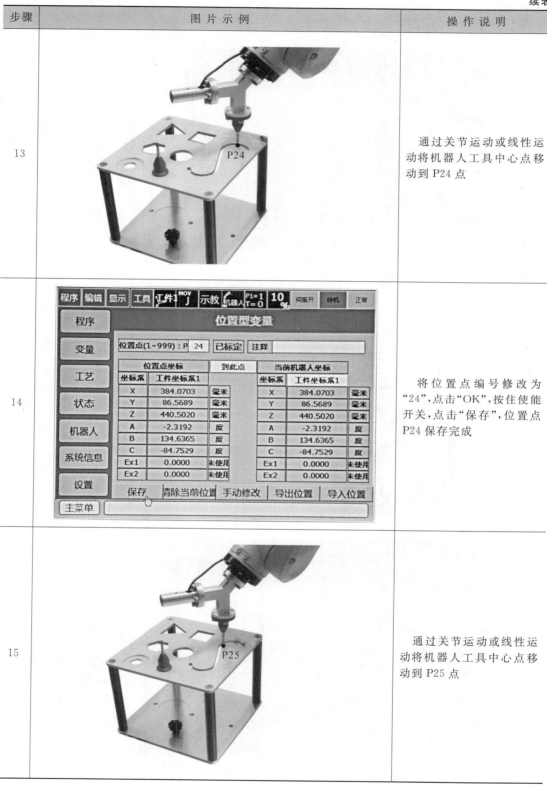	通过关节运动或线性运动将机器人工具中心点移动到 P24 点
14		将位置点编号修改为"24"，点击"OK"，按住使能开关，点击"保存"，位置点 P24 保存完成
15		通过关节运动或线性运动将机器人工具中心点移动到 P25 点

步骤	图 片 示 例	操 作 说 明
16	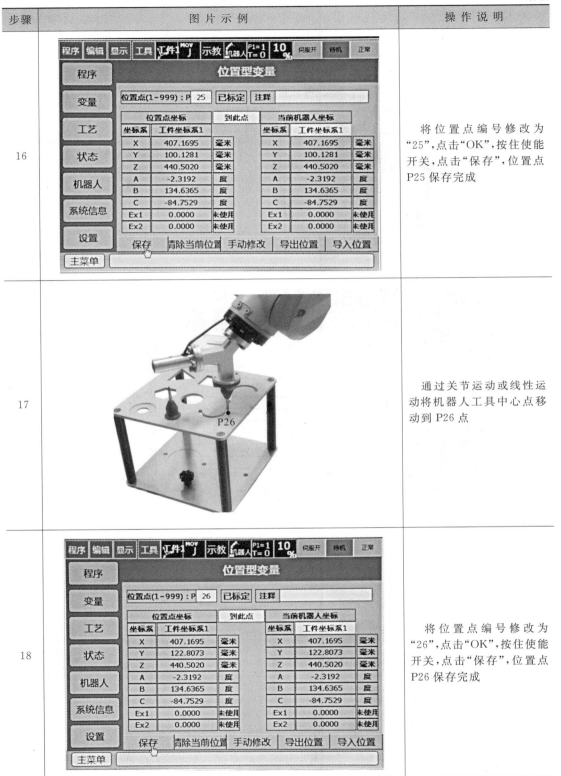	将位置点编号修改为"25"，点击"OK"，按住使能开关，点击"保存"，位置点 P25 保存完成
17		通过关节运动或线性运动将机器人工具中心点移动到 P26 点
18		将位置点编号修改为"26"，点击"OK"，按住使能开关，点击"保存"，位置点 P26 保存完成

续表

步骤	图片示例	操作说明
19	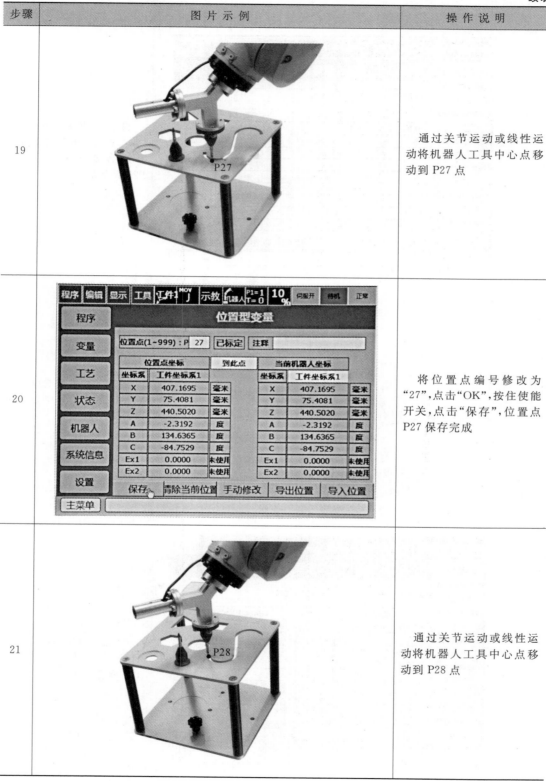	通过关节运动或线性运动将机器人工具中心点移动到 P27 点
20		将位置点编号修改为"27",点击"OK",按住使能开关,点击"保存",位置点 P27 保存完成
21		通过关节运动或线性运动将机器人工具中心点移动到 P28 点

续表

步骤	图 片 示 例	操 作 说 明
22	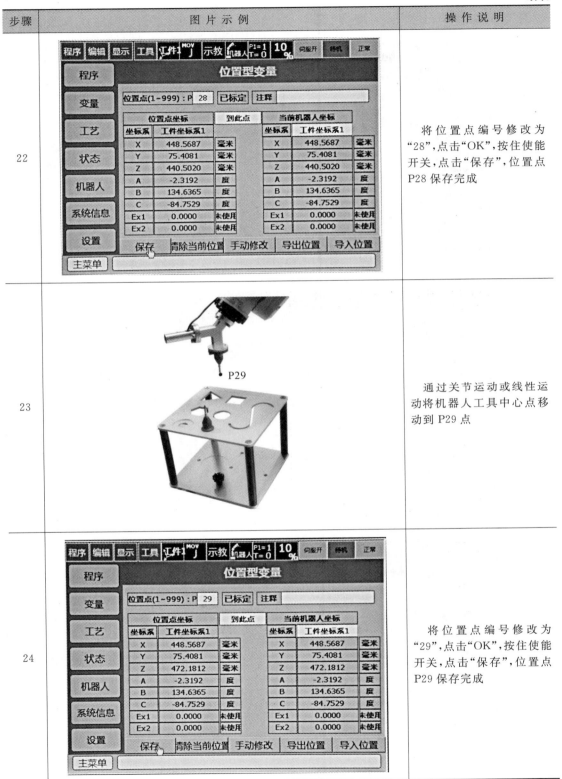	将位置点编号修改为"28",点击"OK",按住使能开关,点击"保存",位置点 P28 保存完成
23	P29	通过关节运动或线性运动将机器人工具中心点移动到 P29 点
24		将位置点编号修改为"29",点击"OK",按住使能开关,点击"保存",位置点 P29 保存完成

步骤	图片示例	操 作 说 明
25	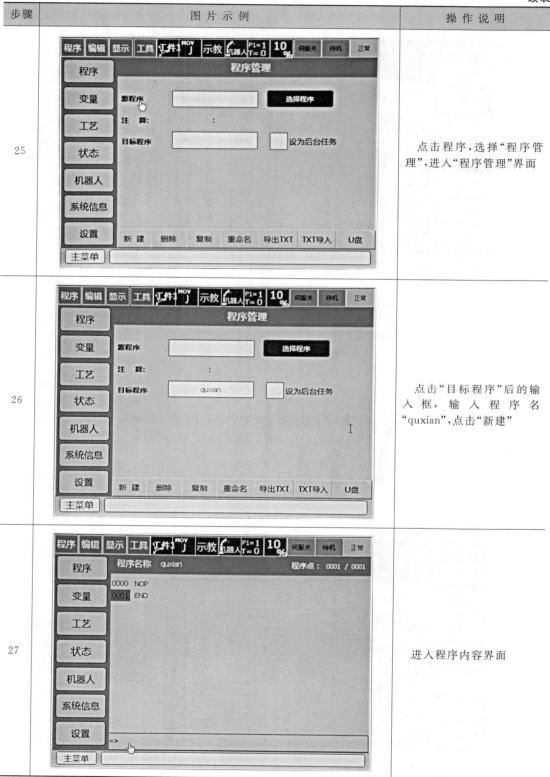	点击程序,选择"程序管理",进入"程序管理"界面
26		点击"目标程序"后的输入框,输入程序名"quxian",点击"新建"
27		进入程序内容界面

续表

步骤	图 片 示 例	操 作 说 明
28	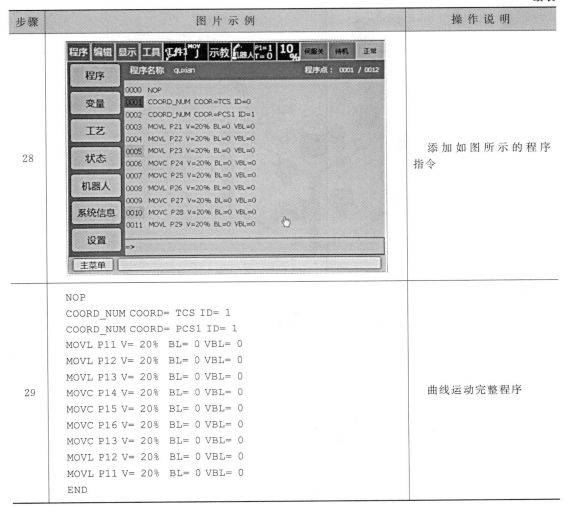	添加如图所示的程序指令
29	NOP COORD_NUM COORD= TCS ID= 1 COORD_NUM COORD= PCS1 ID= 1 MOVL P11 V= 20% BL= 0 VBL= 0 MOVL P12 V= 20% BL= 0 VBL= 0 MOVL P13 V= 20% BL= 0 VBL= 0 MOVC P14 V= 20% BL= 0 VBL= 0 MOVC P15 V= 20% BL= 0 VBL= 0 MOVC P16 V= 20% BL= 0 VBL= 0 MOVC P13 V= 20% BL= 0 VBL= 0 MOVL P12 V= 20% BL= 0 VBL= 0 MOVL P11 V= 20% BL= 0 VBL= 0 END	曲线运动完整程序

9.4　物料搬运实例

本实例使用搬运模块,通过物料搬运操作来介绍机器人 I/O 模块的输出信号的使用。

在硬件连接时,使用机器人通用数字输出信号 DO102,驱动电磁阀,产生气压通过真空发生器后,连接至吸盘。

路径规划:初始点 P31→圆饼 1 抬起点 P32→圆饼 1 拾取点 P33→圆饼 1 抬起点 P32→圆饼 7 抬起点 P34→圆饼 7 拾取点 P35→圆饼 7 抬起点 P34→初始点 P31,如图 9-6 所示。

编程前需完成的步骤:

(1)安装搬运模块;

(2)将工具安装在机器人法兰盘末端。

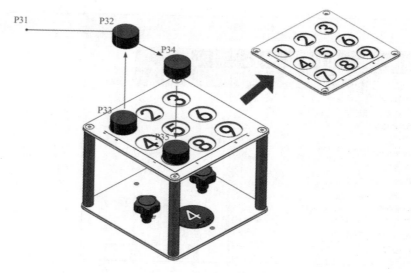

图 9-6 物料搬运路径规划

物料搬运实例步骤如表 9-4 所示。

表 9-4 物料搬运实例步骤

步骤	图片示例	操作说明
1	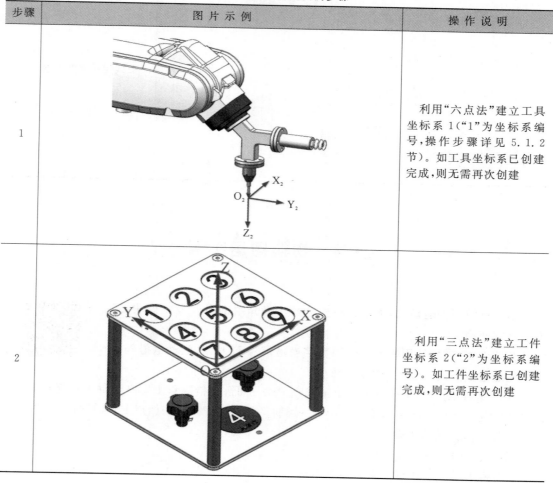	利用"六点法"建立工具坐标系 1("1"为坐标系编号,操作步骤详见 5.1.2 节)。如工具坐标系已创建完成,则无需再次创建
2		利用"三点法"建立工件坐标系 2("2"为坐标系编号)。如工件坐标系已创建完成,则无需再次创建

步骤	图 片 示 例	操 作 说 明
3	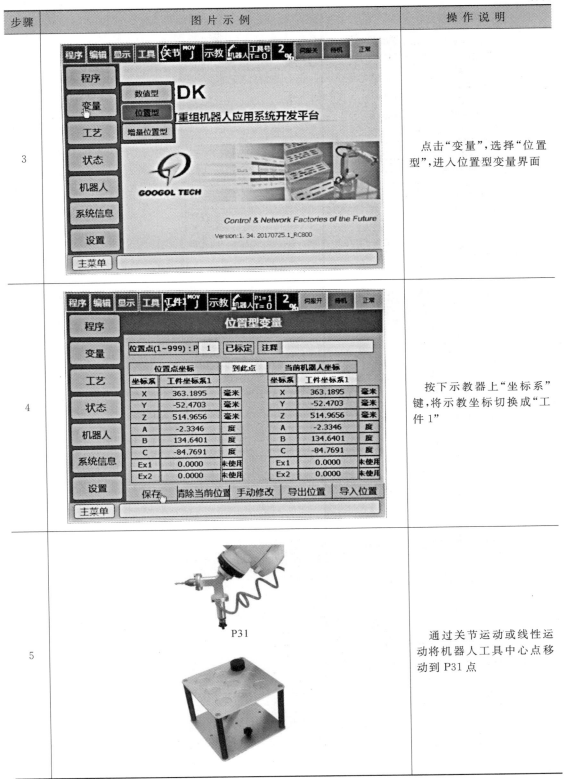	点击"变量",选择"位置型",进入位置型变量界面
4		按下示教器上"坐标系"键,将示教坐标切换成"工件1"
5		通过关节运动或线性运动将机器人工具中心点移动到P31点

续表

步骤	图 片 示 例	操 作 说 明
6	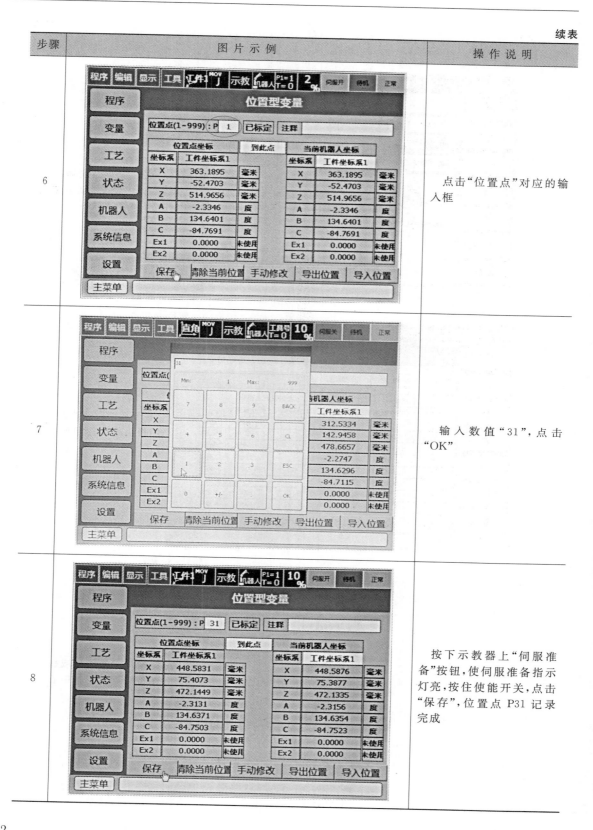	点击"位置点"对应的输入框
7		输入数值"31",点击"OK"
8		按下示教器上"伺服准备"按钮,使伺服准备指示灯亮,按住使能开关,点击"保存",位置点 P31 记录完成

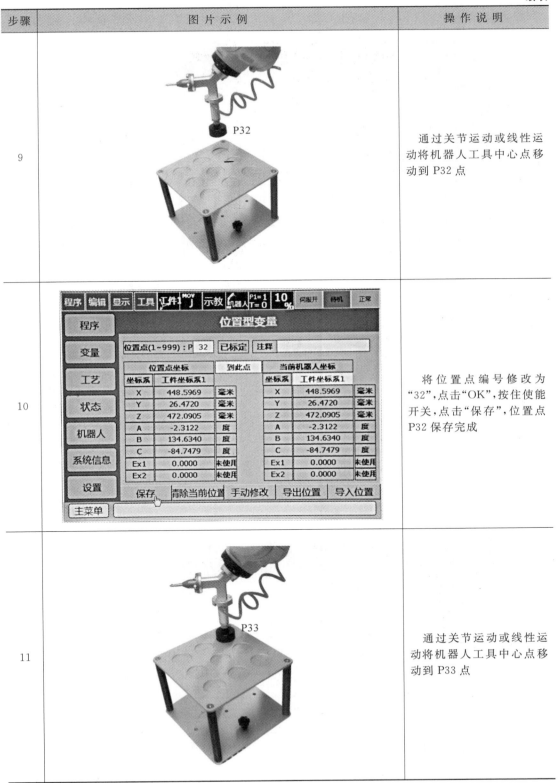

步骤	图 片 示 例	操 作 说 明
9		通过关节运动或线性运动将机器人工具中心点移动到 P32 点
10		将位置点编号修改为"32",点击"OK",按住使能开关,点击"保存",位置点 P32 保存完成
11		通过关节运动或线性运动将机器人工具中心点移动到 P33 点

续表

步骤	图片示例	操作说明
12	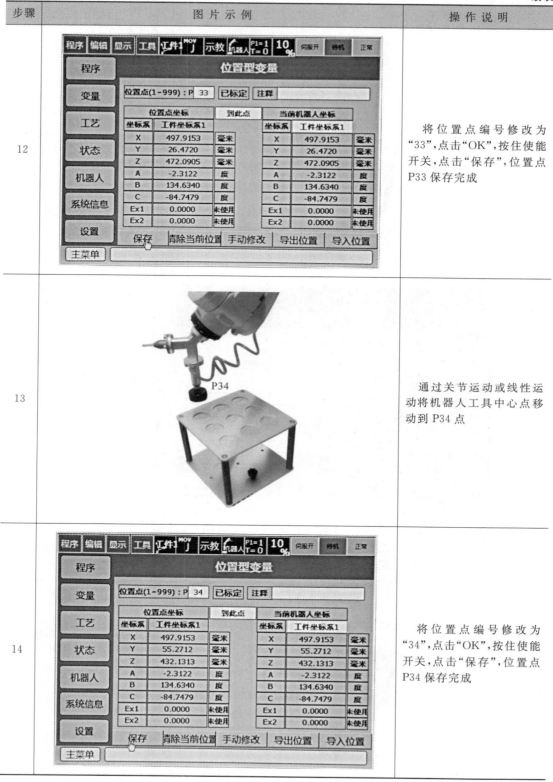	将位置点编号修改为"33"，点击"OK"，按住使能开关，点击"保存"，位置点P33 保存完成
13		通过关节运动或线性运动将机器人工具中心点移动到 P34 点
14		将位置点编号修改为"34"，点击"OK"，按住使能开关，点击"保存"，位置点P34 保存完成

续表

步骤	图 片 示 例	操 作 说 明
15	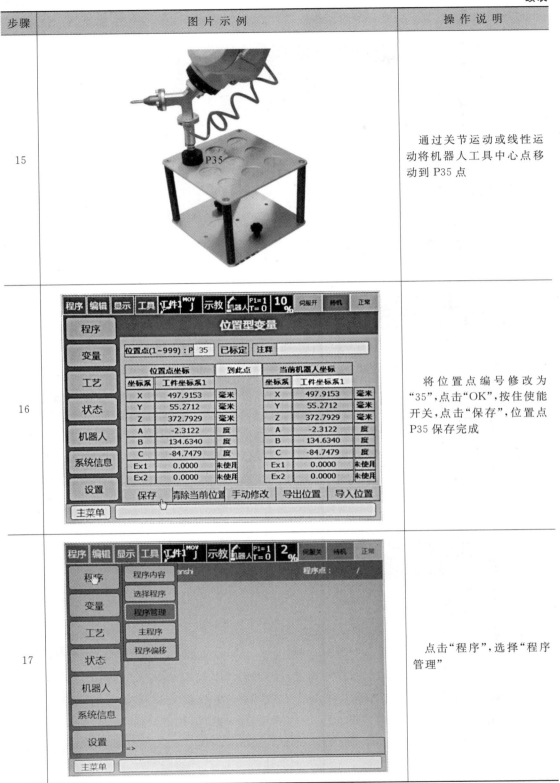	通过关节运动或线性运动将机器人工具中心点移动到 P35 点
16		将位置点编号修改为"35",点击"OK",按住使能开关,点击"保存",位置点 P35 保存完成
17		点击"程序",选择"程序管理"

续表

步骤	图 片 示 例	操 作 说 明
18		点击"目标程序"后的输入框,输入程序名"banyun"
19		点击"新建",进入程序内容界面
20		添加如图所示的物料搬运程序指令

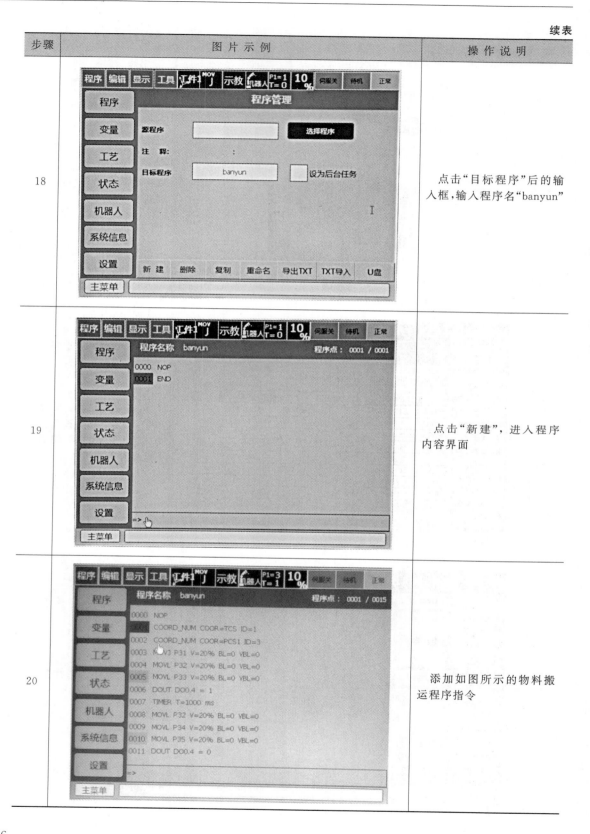

续表

步骤	图 片 示 例	操 作 说 明
21	NOP COORD_NUM COOR= TCS ID= 1 COORD_NUM COOR= PCS1 ID= 3 MOVJ P31 V= 20%　BL= 0 VBL= 0 MOVL P32 V= 20%　BL= 0 VBL= 0 MOVL P33 V= 20%　BL= 0 VBL= 0 DOUT DO0.4 = 1 TIMER T = 1000 ms MOVL P32 V= 20%　BL= 0 VBL= 0 MOVL P34 V= 20%　BL= 0 VBL= 0 MOVL P35 V= 20%　BL= 0 VBL= 0 DOUT DO0.4 = 0 TIMER T = 1000 ms MOVL P34 V= 20%　BL= 0 VBL= 0 MOVL P31 V= 20%　BL= 0 VBL= 0 END	物料搬运完整程序

9.5　异步输送带物料检测实例

本实例使用异步输送带模块,通过物料检测与物料搬运操作来介绍机器人 I/O 模块的输入/输出信号的使用。

在硬件连接时,使用机器人通用数字输出信号 DO102,驱动电磁阀,产生气压通过真空发生器后,连接至真空吸盘。并将输送带末端的光电传感器检测信号接入机器人的 DI101,当物料到达时,机器人进行信号检测。

路径规划:初始点 P41→圆饼抬起点 P42→圆饼抬取点 P43→圆饼抬起点 P42→圆饼抬起点 P44→圆饼抬取点 P45→圆饼抬起点 P44→初始点 P41,如图 9-7 所示。

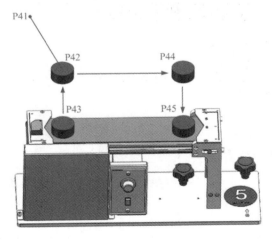

图 9-7　输送带物料检测动作路径规划

编程前需完成的步骤:安装输送带搬运模块。

输送线物料检测实例步骤如表 9-5 所示。

表 9-5　输送线物料检测实例步骤

步骤	图 片 示 例	操 作 说 明
1	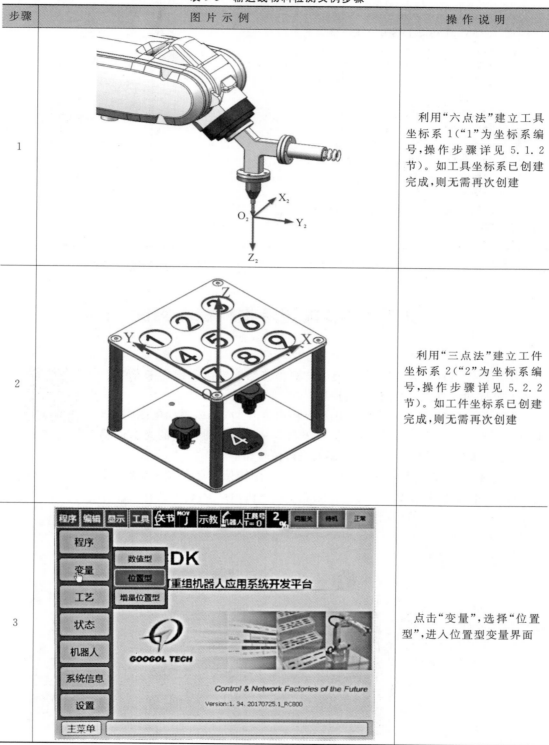	利用"六点法"建立工具坐标系 1("1"为坐标系编号,操作步骤详见 5.1.2 节)。如工具坐标系已创建完成,则无需再次创建
2		利用"三点法"建立工件坐标系 2("2"为坐标系编号,操作步骤详见 5.2.2 节)。如工件坐标系已创建完成,则无需再次创建
3		点击"变量",选择"位置型",进入位置型变量界面

续表

步骤	图 片 示 例	操 作 说 明
4	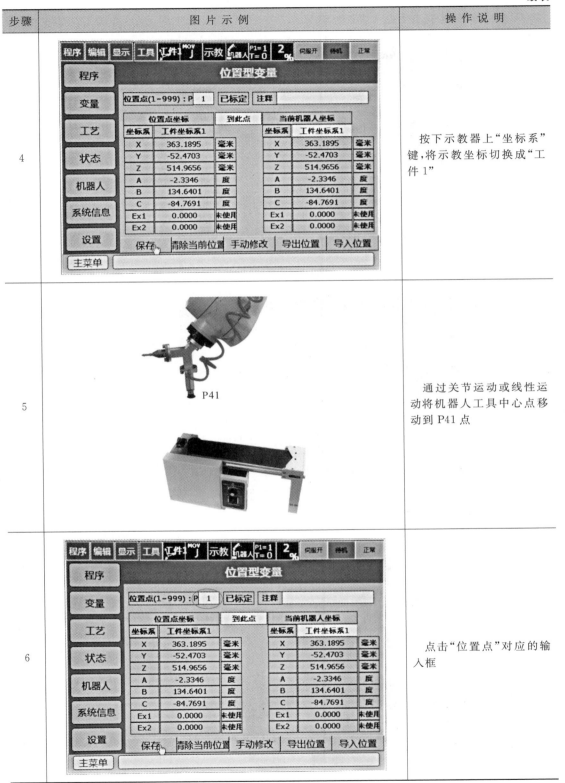	按下示教器上"坐标系"键,将示教坐标切换成"工件1"
5		通过关节运动或线性运动将机器人工具中心点移动到 P41 点
6		点击"位置点"对应的输入框

步骤	图片示例	操作说明
7	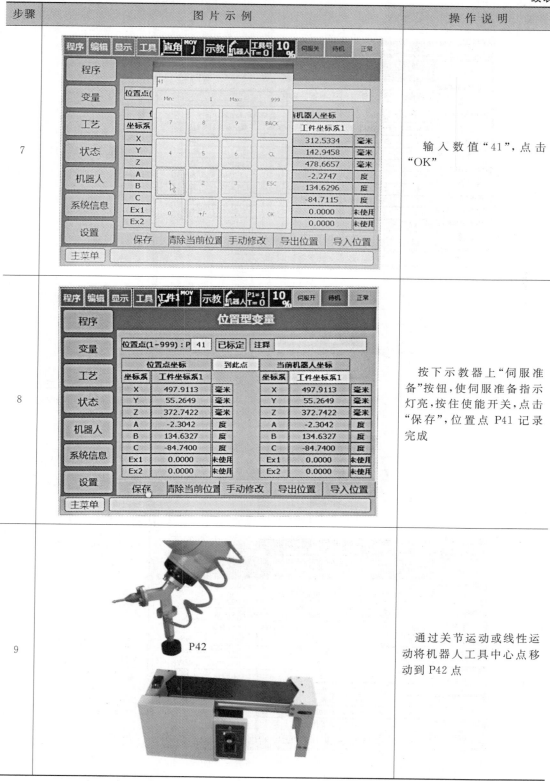	输入数值"41",点击"OK"
8		按下示教器上"伺服准备"按钮,使伺服准备指示灯亮,按住使能开关,点击"保存",位置点 P41 记录完成
9		通过关节运动或线性运动将机器人工具中心点移动到 P42 点

续表

步骤	图 片 示 例	操 作 说 明
10	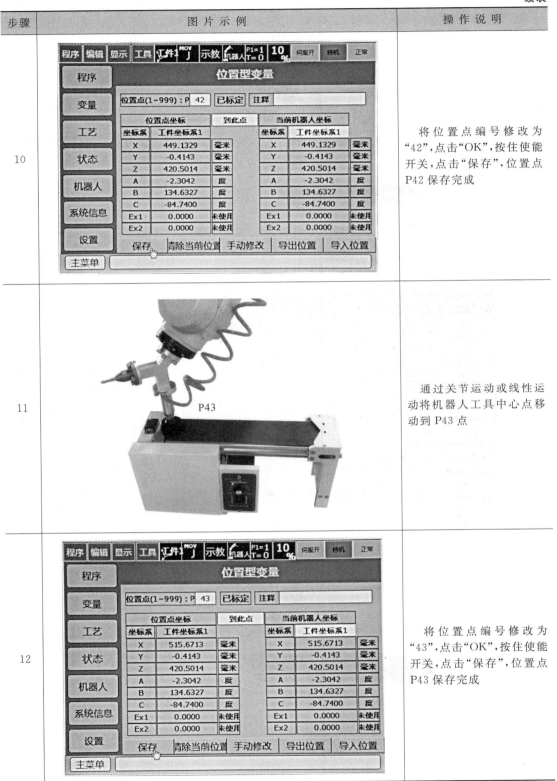	将位置点编号修改为"42",点击"OK",按住使能开关,点击"保存",位置点P42 保存完成
11	P43	通过关节运动或线性运动将机器人工具中心点移动到 P43 点
12		将位置点编号修改为"43",点击"OK",按住使能开关,点击"保存",位置点P43 保存完成

续表

步骤	图 片 示 例	操 作 说 明
13	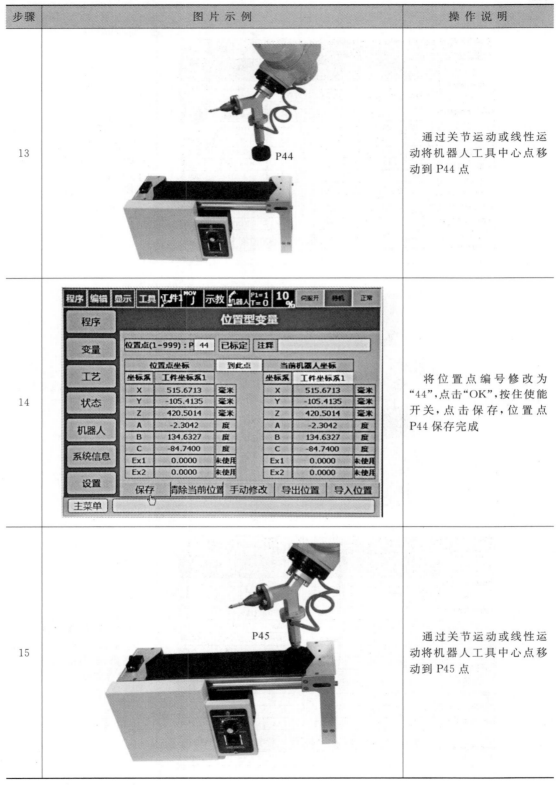	通过关节运动或线性运动将机器人工具中心点移动到 P44 点
14		将位置点编号修改为"44",点击"OK",按住使能开关,点击保存,位置点 P44 保存完成
15		通过关节运动或线性运动将机器人工具中心点移动到 P45 点

续表

步骤	图 片 示 例	操 作 说 明
16	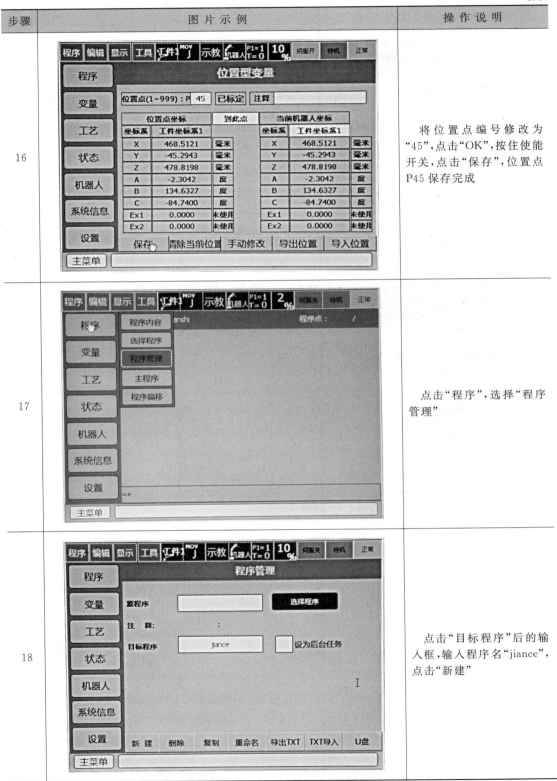	将位置点编号修改为"45",点击"OK",按住使能开关,点击"保存",位置点P45 保存完成
17		点击"程序",选择"程序管理"
18		点击"目标程序"后的输入框,输入程序名"jiance",点击"新建"

续表

步骤	图 片 示 例	操 作 说 明
19	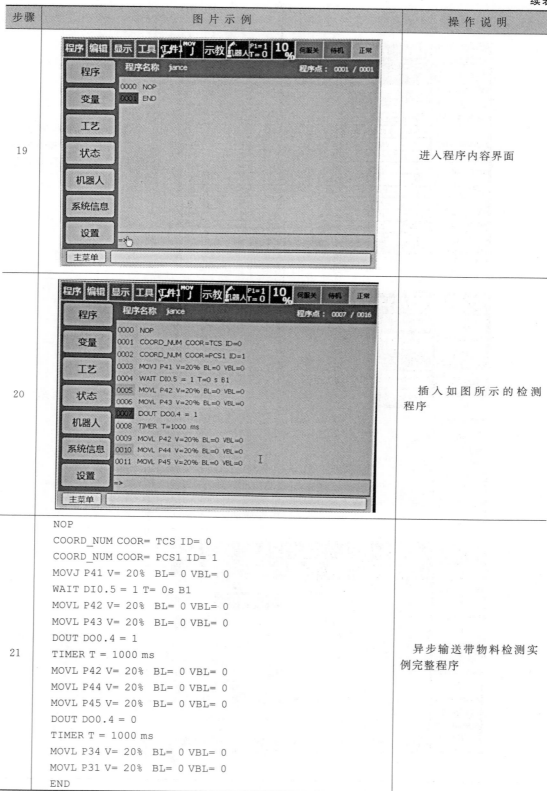	进入程序内容界面
20		插入如图所示的检测程序
21	NOP COORD_NUM COOR= TCS ID= 0 COORD_NUM COOR= PCS1 ID= 1 MOVJ P41 V= 20% BL= 0 VBL= 0 WAIT DI0.5 = 1 T= 0s B1 MOVL P42 V= 20% BL= 0 VBL= 0 MOVL P43 V= 20% BL= 0 VBL= 0 DOUT DO0.4 = 1 TIMER T = 1000 ms MOVL P42 V= 20% BL= 0 VBL= 0 MOVL P44 V= 20% BL= 0 VBL= 0 MOVL P45 V= 20% BL= 0 VBL= 0 DOUT DO0.4 = 0 TIMER T = 1000 ms MOVL P34 V= 20% BL= 0 VBL= 0 MOVL P31 V= 20% BL= 0 VBL= 0 END	异步输送带物料检测实例完整程序

思考题

（1）编程的基本步骤是什么？

（2）如何添加等待指令？

（3）如何添加输入/输出指令？

（4）怎样修改已记录的目标点？

第10章 其他操作

10.1 错误信息

错误信息是指使用示教器操作或通过外部设备(计算机、PLC 等)访问时,因为操作者错误的操作方法或访问方法引起的系统的警告。错误发生时,在确认错误内容后,需进行错误解除。

解除错误方法如下:

(1) 按示教器操作面板上的"清除"键;

(2) 点击示教器显示界面上的"机器人"→"异常处理"→"初始化运动控制器",进行报警解除。

常见的错误信息如表 10-1 所示。

表 10-1 常见错误信息表

错误代码	错误分析	解决方法
998	轴 X 读到的绝对值编码器是 0。X:轴号	重新启动系统
1000	错误消息队列缓冲区已满	清除错误,请解决并复位清除出现的错误及报警消息
1001	系统内部错误,超时错误出现运算跨界错误	按"清除"键复位错误即可
1012	绝对编码器写文件出错,有可能其他进程正在使用该文件	复位系统错误后再进行该操作
1108	没有正确设置电动机的极限转速	将每个轴的电动机转速最大极限设置在规定的范围内。极限转速是程序根据电动机最大转速所计算出来的一个指定速度
1113	运动学极限范围设置超限	根据错误提示信息正确设置该参数
1117	关节运动范围设置超限	正确设置轴的极限位置及安全偏置值,必须满足关节运动上限－关节运动上限偏置≥关节运动下限＋关节运动下限偏置
1118	关节运动范围安全偏置值设置超限	将关节运动下限偏置设置为大于零

续表

错误代码	错误分析	解决方法
1302	点动 JOG 模式下所使用的坐标系无效	将示教坐标切换至直角坐标
1408	MOVP 指令及 MOVJ 指令的目标位置点坐标系无效	重新示教目标位置点
2002	位置点未示教	检查位置点,重新记录需要的位置点信息

　　注:其余错误代码请参考 EFORT 手册。

10.2　零 点 标 定

10.2.1　零点标定介绍

　　机器人零点标定是指将机器人恢复至零点位置。

　　机器人零点位置是指机器人本体的各个轴同时处于机械零点时的位置,而机械零点是指机器人某一本体轴的角度显示为 0°时的状态。

　　由于 EFORT 机器人零点位置的数据出厂时已设置,所以在正常情况下无需进行原点复归。但遇到以下情形时,则需要执行零点标定:

　　(1) 电动机驱动器绝对编码器电池没电;

　　(2) 机器人碰撞工件,原点偏移(此种情况发生的概率较大);

　　(3) 在关机状态下卸下机器人底座电池盒盖子;

　　(4) 存储内存被删除;

　　(5) 更换马达;

　　(6) 机械拆卸;

　　(7) 机器人的机械部分因为撞击导致脉冲计数不能指示轴的角度。

　　零点标定机器人时需要将机器人的机械信息与位置信息同步,来定义机器人的物理位置。必须正确操作机器人来进行零点标定。

10.2.2　六轴机械零点校对

　　在示教器上进行校准操作之前,请先确认机器人的六个轴都在标记零点的位置(J1 轴～J6 轴对应位置),如图 10-1 所示。

　　注:J3 轴零点标定时,需要先将大臂外壳保护罩去掉,然后将圆柱销插入零标孔中,待重新标定系统后,再将大臂外壳保护罩安装到机器人上。

　　操作步骤:

　　(1) 将示教模式切换至"关节"。

　　(2) 将机器人各轴移动到零点位置。

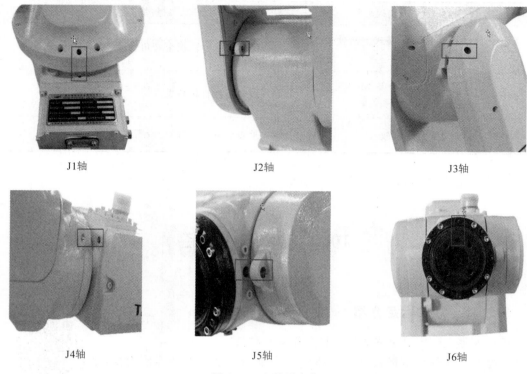

图 10-1　六轴零点位

（3）选择要标定的轴（当对应的轴号被按下时,按钮指示灯变为绿色）。

（4）长按"记录零点"按钮,直至轴号选择按钮的指示灯由绿色变为灰色。

10.3　系统备份/加载

　　备份与恢复功能包括以下内容（必须备份完整系统,但可选择恢复系统文件或示教文件）。

　　（1）该操作将执行备份/恢复机器人控制器,包括:控制系统、D-H参数、配置参数设定。

　　（2）恢复项目,该操作将对以下内容执行恢复操作:控制系统或示教程序或升级控制系统。

10.3.1　程序备份

　　备份系统文件前,将 U 盘插入控制器背部用户调试接口中的 USB 接口,系统文件备份步骤如表 10-2 所示。

表 10-2　系统文件备份步骤

步骤	图 片 示 例	操 作 说 明
1	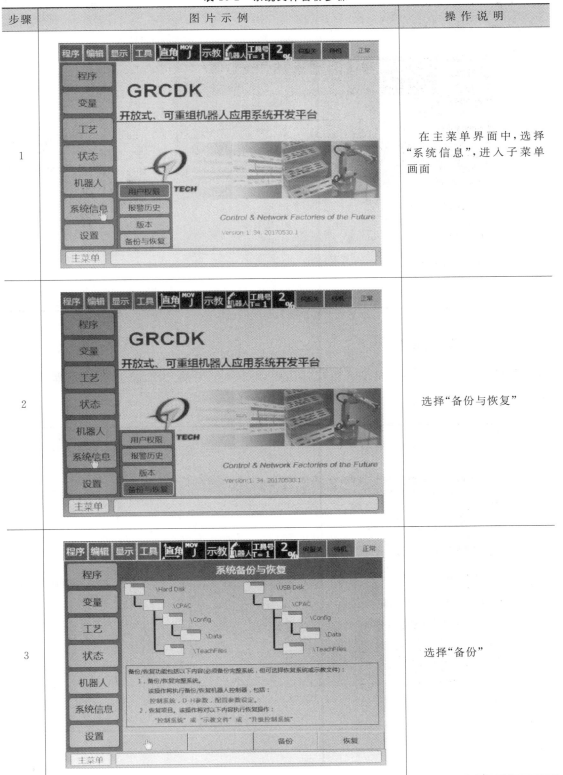	在主菜单界面中,选择"系统信息",进入子菜单画面
2		选择"备份与恢复"
3		选择"备份"

续表

步骤	图 片 示 例	操 作 说 明
4	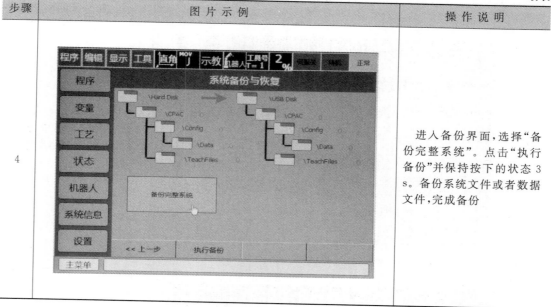	进入备份界面,选择"备份完整系统"。点击"执行备份"并保持按下的状态 3 s。备份系统文件或者数据文件,完成备份

10.3.2 程序恢复

将已备份好的 U 盘插入控制器背部用户调试接口中的 USB 接口。恢复程序步骤如表 10-3 所示。

表 10-3 恢复程序步骤

步骤	图 片 示 例	操 作 说 明
1	GRCDK 开放式、可重组机器人应用系统开发平台 用户权限 报警历史 版本 备份与恢复 Control & Network Factories of the Future Version:1. 34. 20170530.1	在主菜单界面中,选择"系统信息"

续表

步骤	图 片 示 例	操 作 说 明
2	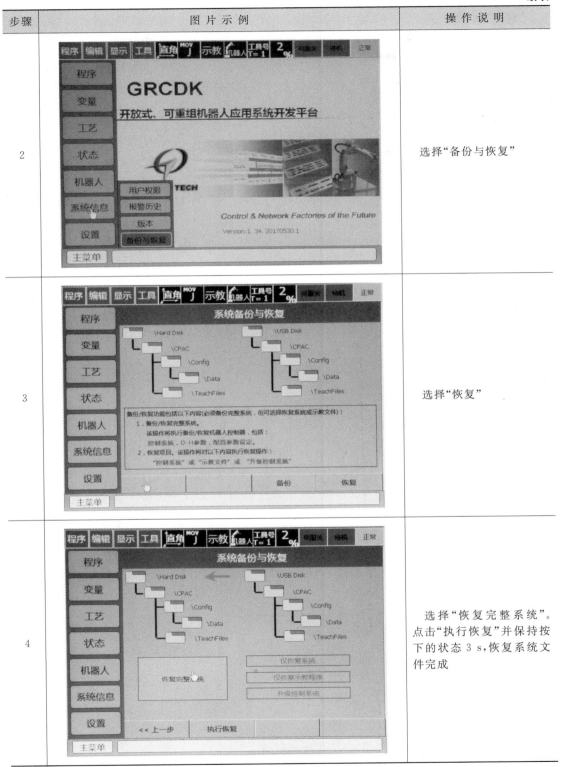	选择"备份与恢复"
3		选择"恢复"
4		选择"恢复完整系统"。点击"执行恢复"并保持按下的状态 3 s,恢复系统文件完成

注:可选择所需要恢复的内容"仅恢复系统"或"仅恢复示教程序",选择"执行恢复"。

思考题

（1）常见异常事件有哪些？

（2）简述恢复程序的操作步骤。

第11章　ER-RobotStudio 离线仿真

11.1　仿真软件简介

ER-RobotStudio 是 EFORT 公司开发的一款离线编程软件,借助虚拟机器人技术以及 ER-RobotStudio 提供的各种工具,可在不影响生产的前提下执行培训、编程和优化等任务,提高整体生产效率。

1. 软件的主要功能

ER-RobotStudio 机器人离线编程软件主要功能如下:

(1) 仿真环境中通过虚拟示教盒操作机器人运动,可用于教学;

(2) CAD 模型导入功能(支持 stp. igs. stl. dxf. 3ds 等格式);

(3) 通过各种标定方法,准确计算仿真环境中模型的位置及摆放姿态;

(4) 在三维模型上添加轨迹点,轨迹点位置姿态可以进行优化处理;

(5) 支持草图绘制功能,可以在参考平面内绘制各种规则线条,并生成轨迹点;

(6) 支持轨迹数据导入功能(通过导入 CAD 文件,自动生成空间平面内轨迹,导入 G 代码自动生成空间刀路轨迹);

(7) 机器人根据轨迹点位置姿态数据进行计算,自动计算机器人运动程序数据,进行后置处理,支持贝加莱、Keba、固高等文件格式(也可以支持其他品牌机器人格式)。

2. 示教再现机器人存在的问题

机器人编程方式可分为示教再现编程和离线编程。目前,在国内外生产中应用的机器人系统大多为示教再现型。示教再现型机器人在实际生产应用中存在的主要技术问题有:

(1) 机器人的在线示教编程过程烦琐、效率低;

(2) 示教的精度完全靠示教者的经验目测决定,对于复杂路径难以取得令人满意的效果;

(3) 对于一些需要根据外部信息进行实时决策的应用无能为力。

3. 离线编程系统的优点

而离线编程系统可以简化机器人编程进程,提高编程效率,是实现系统集成的必要的软件支撑系统。与示教再现编程系统相比,离线编程系统具有如下优点:

(1) 使编程者远离危险的工作环境,改善了编程环境;

(2) 离线编程系统使用范围广,可以对各种机器人进行编程,并能方便地实现优化编程;

(3) 便于和 CAD/CAM 系统结合,使 CAD/CAM/ROBOTICS 一体化;

（4）可使用高级计算机编程语言对复杂任务进行编程；

（5）便于修改机器人程序。

11.2 ER-RobotStudio 仿真软件安装步骤

ER-RobotStudio 1.22 仿真软件安装步骤如表 11-1 所示。

表 11-1　ER-RobotStudio 1.22 仿真软件安装

步骤	图片示例	操作说明
1	program files　　　2017-8-1 11:29　　文件夹 0x0804.ini　　　2010-6-22 14:49　　配置设置　　11 KB ER_RobotStudio_SetUp.msi　2017-6-21 20:13　Windows Install...　896 KB setup.exe　　　2017-6-21 20:12　　应用程序　1,188 KB Setup.ini　　　2017-6-21 20:13　　配置设置　　6 KB	打开软件安装包，解压后打开文件夹
2	program files　　　2017-8-1 11:29　　文件夹 0x0804.ini　　　2010-6-22 14:49　　配置设置　　11 KB ER_RobotStudio_SetUp.msi　2017-6-21 20:13　Windows Install...　896 KB setup.exe　　　2017-6-21 20:12　　应用程序　1,188 KB Setup.ini　　　2017-6-21 20:13　　配置设置　　6 KB	双击"setup. exe"
3	ER_RobotStudio_SetUp InstallShield Wizard 欢迎使用 ER_RobotStudio_SetUp InstallShield Wizard InstallShield(R) Wizard 将要在您的计算机中安装 ER_RobotStudio_SetUp。要继续，请单击"下一步"。 警告：本程序受版权法和国际条约的保护。 < 上一步(B)　下一步(N) >　取消	点击"下一步"

续表

步骤	图 片 示 例	操 作 说 明
4	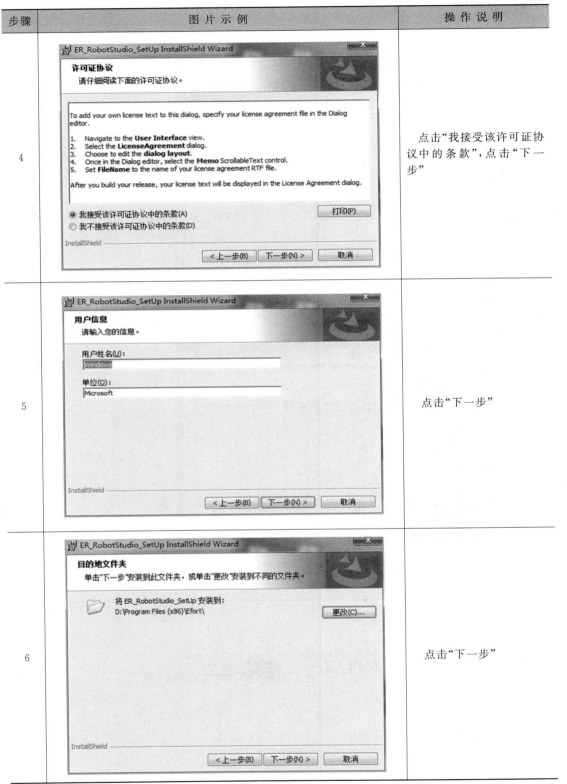	点击"我接受该许可证协议中的条款",点击"下一步"
5		点击"下一步"
6		点击"下一步"

续表

步骤	图 片 示 例	操 作 说 明
7	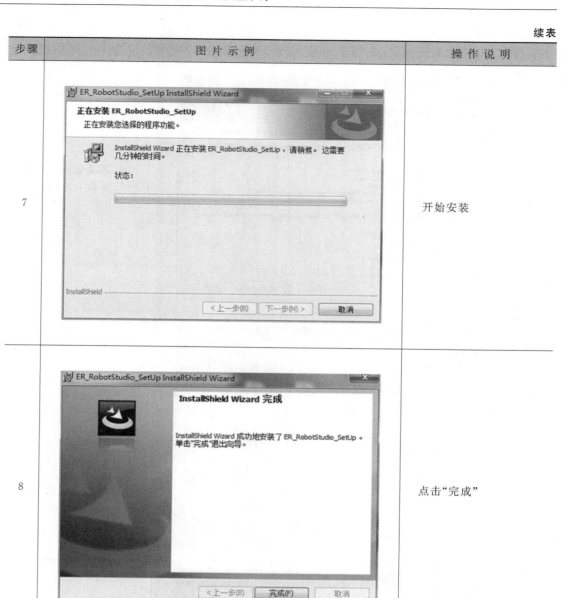	开始安装
8		点击"完成"

11.3　工作站建立

11.3.1　机器人导入

机器人导入步骤如表 11-2 所示。

表 11-2　机器人导入步骤

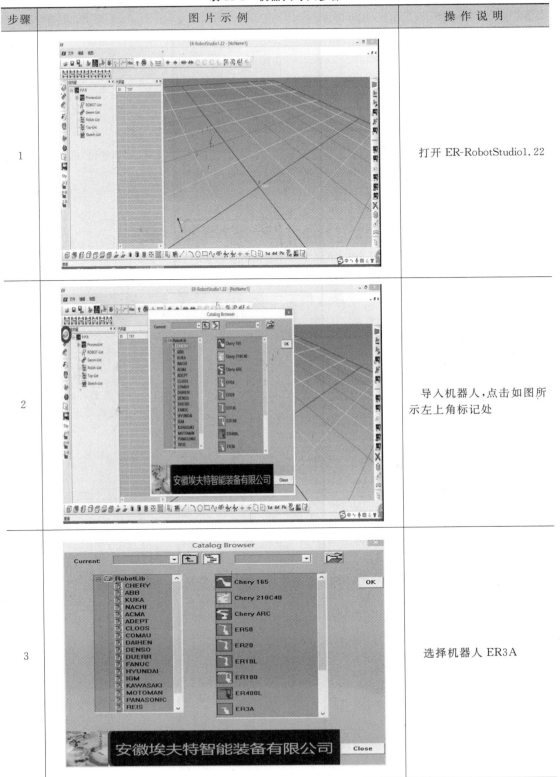

步骤	图 片 示 例	操 作 说 明
1		打开 ER-RobotStudio1.22
2		导入机器人,点击如图所示左上角标记处
3		选择机器人 ER3A

步骤	图 片 示 例	操 作 说 明
4	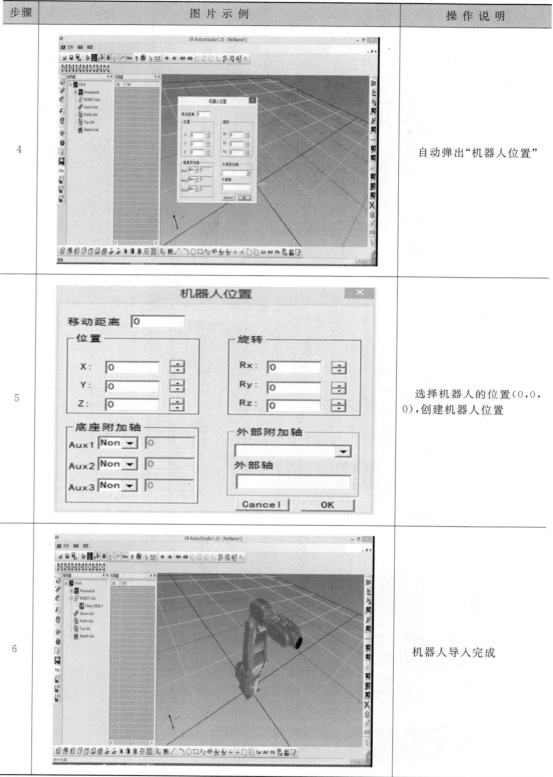	自动弹出"机器人位置"
5		选择机器人的位置(0,0,0),创建机器人位置
6		机器人导入完成

11.3.2　工具的添加

工具导入步骤如表 11-3 所示。

表 11-3　工具导入步骤

步骤	图 片 示 例	操 作 说 明
1	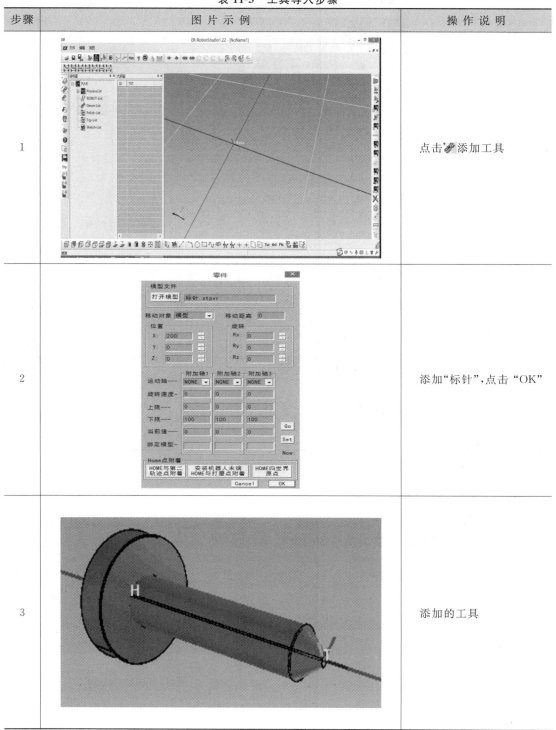	点击 添加工具
2		添加"标针",点击"OK"
3		添加的工具

续表

步骤	图 片 示 例	操作说明
4	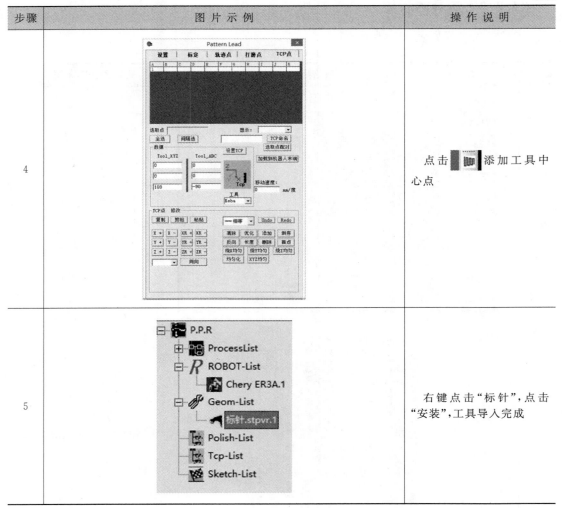	点击 添加工具中心点
5	P.P.R ├ ProcessList ├ ROBOT-List │　└ Chery ER3A.1 ├ Geom-List │　└ 标针.stpvr.1 ├ Polish-List ├ Tcp-List └ Sketch-List	右键点击"标针",点击"安装",工具导入完成

思考题

(1) 如何建立仿真工作站?

(2) 如何导入系统自带模型及外部模型?

参 考 文 献

［1］ 张明文.工业机器人技术基础及应用［M］.哈尔滨:哈尔滨工业大学出版社,2017.

［2］ 张明文.工业机器人技术人才培养方案［M］.哈尔滨:哈尔滨工业大学出版社,2017.

［3］ 胡伟,陈彬.工业机器人行业应用实训教程［M］.北京:机械工业出版社,2015.

［4］ 管小清.工业机器人产品包装典型应用精析［M］.北京:机械工业出版社,2016.

［5］ 蒋庆斌,陈小艳.工业机器人现场编程［M］.北京:机械工业出版社,2014.

［6］ 秦志强,侯肖霞.基础机器人制作与编程［M］.北京:电子工业出版社,2011.

［7］ 汪励,陈小艳.工业机器人工作站系统集成［M］.北京:机械工业出版社,2014.

［8］ 张培艳.工业机器人操作与应用实践教程［M］.上海:上海交通大学出版社,2009.

［9］ 郭洪红.工业机器人技术［M］.西安:西安电子科技大学出版社,2006.

［10］ 董春利.机器人应用技术［M］.北京:机械工业出版社,2014.

［11］ 兰虎.工业机器人技术及应用［M］.北京:机械工业出版社,2014.

［12］ 王保军,滕少峰.工业机器人基础［M］.武汉:华中科技大学出版社,2015.

［13］ 郭洪红.工业机器人通用技术［M］.北京:科学出版社,2008.

首款工业机器人垂直领域深度学习应用
——海渡学院APP

10+专业教材 20+金牌讲师
2000+配套视频

一键下载 收入口袋

源自哈尔滨工业大学 行业最专业知识结构模型

工业机器人应用人才培养
丛书书目

ISBN
978-7-5603-6654-8

ISBN
978-7-5603-6626-5

ISBN
978-7-5680-3262-9

ISBN
978-7-5603-6655-5

ISBN
978-7-5603-6832-0

ISBN
978-7-5603-6443-8

ISBN
978-7-5603-7023-1

ISBN
978-7-5680-3509-5

ISBN
978-7-5603-6967-9

ISBN
978-7-5680-3263-6

教学课件下载步骤

步骤一

登录"工业机器人教育网"
www.irobot-edu.com，菜单栏点击【学院】

步骤二

点击菜单栏【在线学堂】下方找到您需要的课程

步骤三

课程内视频下方点击【课件下载】

咨询与反馈

尊敬的读者

感谢您选用我们的教材！

本书配套有丰富的教学资源，凡使用本书作为教材的教师可咨询有关实训装备事宜，在使用过程中，如有任何疑问或建议，可通过邮件（edubot_zhang@126.com）或扫描右侧二维码，在线提交咨询信息，反馈建议或索取数字资源。

（教学资源建议反馈表）

培训咨询：+86-18755130658（郑老师）
校企合作：+86-15252521235（俞老师）